面白くてやみつきになる!

文系も超ハマる数学

数学のお兄さん
横山明日希

青春新書
PLAYBOOKS

はじめに

「数学って、こんなに身近だったんだ！」

僕が、数学の授業をしていると、こういったことをいわれます。

数学というと、どこか縁遠いもの、自分と関係ないものと思われがちです。

確かに、「x、y、zを見かけたことがない」や「三角比のsin、cos、tanなど、学校以外で聞いたことない！」、そういう声も聞こえてきます。

しかし、本書を読み終えたとき、冒頭のような感想を持っていただけるはずです。

申し遅れました。僕は「数学・算数をもっと身近に、もっと面白く」なってもらえるように活動をしている「数学のお兄さん」です。「数学好きな人」はもちろん「数学嫌いの子ども」「子どもに連れられて、ふだん数学・算数に触れる機会がない保護者」や「仕事で必要になるから学ぶ大人」など、さまざまな方々に、数学・算数の授業や講演をしています。世の中や日常を「数学の目で見る体験」をしていただいて、数学に触れる機会が少なかった人ほど、感動してもらっています。そんな人から冒頭の言葉の他にこうもいわれます。

「モノの見方が変わった」

なぜ、数学の授業でこのような感想をいただけるのでしょうか。

それは「世界は、数学でできているから」だと、僕は考えています。逆説的ですが、そもそも数学は「数字や記号を使って、抽象的に世界を表している」という側面があります。ならば、数学がわかれば、モノの見方が変わるのも不思議ではないわけです。たとえば、次のようにモノの見方が変わります。

●「出現率1%のレアアイテム」であれば100回引いたら1回は出る

↓　1回も出ない人が3割以上いる
●同じ商品、「75％ＯＦＦ」と「70％ＯＦＦ後に15％ＯＦＦ」
↓　どっちが得かわかる
●トランプをシャッフルして、54枚のカードが同じ並び順になる
↓　宇宙の歴史138億年をはるかに超える時間がかかる

それだけではありません。モノの考え方も変わります。

●9人は年収３００万円。１８００万円の1人が加わると平均年収４５０万円
●１０００対２０００、圧倒的不利な状況でも、勝つ戦略がある
●「5分早く出る」と「早歩き」、効率いいのがどっちかわかる

「役に立つ知識や知恵」から「クスっと笑える日常のこと」まで、さまざまです。
本書は、そんな身近なモノの見方や考え方が変わる数学の話を収録しました。

「数字に拒否反応を起こす」「難しい数式がわからない」「計算したくない」そんな人でも大丈夫です。本書は、読むだけで楽しく理解できる、いわば「読む数学」。人によっては「仕事に役立つ数学本」「日常の見方を変える教養本」「話のネタにしたい雑学本」など、さまざまな読み方ができると思います。どのような読み方であっても「数学ワールド」の入り口になると思います。

そんなふうに「堅くて難しそうな数学のイメージ」をいったん脇に置いて、読んでみてください。

本書を通じて、「世の中の見方が変わった」「身近なモノの考え方が変わった」「数学のイメージが変わった」となりましたら、これほど嬉しいことはありません。

２０２１年９月

数学のお兄さん　横山明日希

もくじ

面白くてやみつきになる！

文系も超ハマる数学

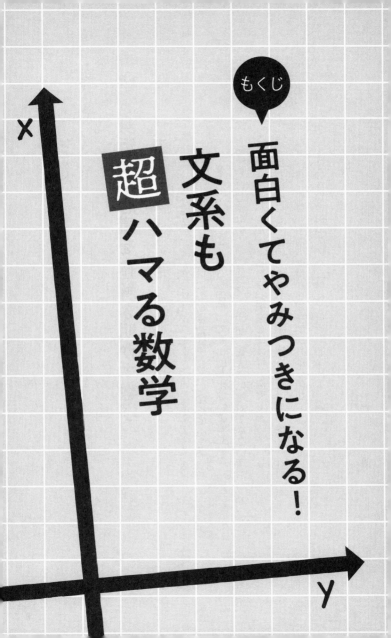

1章

身近な不思議を 超解き明かす数学

2章

世の中の裏が 超見えてくる数学

4章

思わず 超試したくなる数学

5章

考え出すと超ハマる数学

1章

身近な不思議を超解き明かす数学

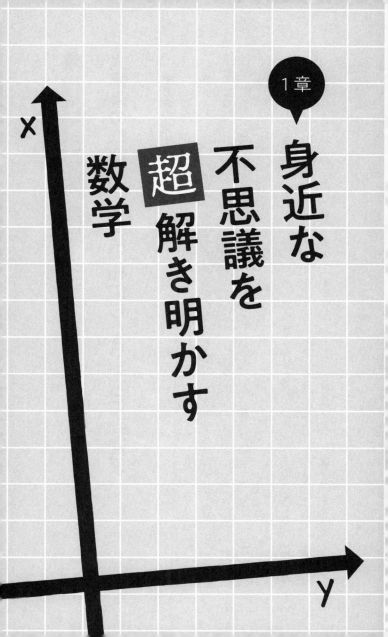

数字を見える形にしてみよう

大富豪の総資産、1万円札にしたら宇宙に到達!?

▼お金のサイズってどのくらい?

ここ5、6年で電子マネーが普及して、現金を持つことが少なくなったのではないでしょうか。電子マネーは、表示される数字で所持金がわかりますが、どうも昔と金銭感覚の重みが変わる印象です。

そこで、お金を目に見える形にしてみましょう! すると、衝撃的なことがわかりました。

日本のお金のサイズは、シンプルでわかりやすくつくられています。1万円札の厚さは約0.1㎜、100枚重ねた札束の厚みは約1㎝です。1000万円を重ねると10㎝ですので1億円を重ねると高さはどのくらいになるか。そう、100㎝(=1m)になります。重ねたときの高さでいくらなのかわかりますね。硬貨はどうでしょうか。1円玉硬貨は1gで、厚さ0.1㎝です。紙幣も硬貨もわかりやすい数字で長さと重さが設定されています。

では、お金持ちが、どれくらいお金を持っているのか、考えていきましょう。

マイクロソフトの創業者、大富豪ビル・ゲイツ氏の総資産は約1321億ドルといわれています（2021年1月20日時点）。ビル・ゲイツ氏の総資産をお金に替えていただきましょう。次に、日本円にしていただきます。すると、約14兆5310億円（1ドル＝110円換算）。この時点で、イメージのつかない数字ですね。

さらに、これを目に見える形にしましょう。14兆5310億円を100万円の札束にすると1453万1000束です。1束1㎝なので、1453万1000㎝（＝145・31㎞）になります。どのくらいの高さでしょうか（積み上げた重みで厚さは変わらないものとします）。

●東京タワー　約436個分
●東京スカイツリー　約229個分

●宇宙に突入する

なんと、積み重ねると東京タワーをはるかに超え、宇宙に突入します（海抜80km〜100kmのカーマンラインを超えるため）。

宇宙まで積み上げる方法は残念ながらありません。そこで、横に倒して並べてみましょう。約145kmですので、東京タワーが立つ地点から直線距離で並べると、富士山を横目に過ぎても、まだ先は長い。静岡県静岡市あたりにまで到達しました！

▼1円玉を並べると、どうなる？

次は、1万円札ではなく、ビル・ゲイツ氏に

お願いして1円玉にしてもらいましょう。1円玉の厚さは1㎜でしたね。どのくらいになるでしょうか。

なんと、14万5310㎞になります。地球1周が約4万㎞ですから、1円玉なら地球を3周半以上できてしまう計算です。まるで赤道が銀の道になりそうです。

高さや距離にしてもなかなかイメージがつきにくい。そんな人のために、次は身近なもの、ランドセルで考えてみましょう。さまざまな種類のランドセルがありますが、ここでは縦30㎝、横20㎝、厚み20㎝とします。ランドセルの容量はいくつになるでしょうか（計算1）。

次に、100万円の札束は、横16㎝、縦7.6㎝、高さ1㎝です。体積はいくつになるでしょうか（計算2）。

計算1　ランドセルの容量　30×20×20＝12000(㎤)

計算2　100万円の札束　16×7.6×1＝121.6（㎤)

計算3　12000÷121.6＝98.684……

さて、計算できたでしょうか。ランドセルの容量が1万2000㎤で、100万円の札束が121・6㎤になりました。ランドセルいっぱいに札束を入れるといくらになるでしょうか（計算3）。

1個のランドセルに100万円の札束が100束入ることになります（正確には98束ですが、押し込みましょう）。つまり、ランドセル1個で1億円が入るわけです。

さて、日本人の生涯年収の平均は約2億〜3億円といわれています。つまり、そうです、ランドセル2個〜3個分になりますね。

ビル・ゲイツ氏のお金をまた1万円札に替えていただいて、さらにランドセルに詰めていくと14万5310個分になりました。……そのランドセルを、いくつか分けてほしいものです。

「ねずみ算的に増える」とは、まさしくコレ！

「友だちの友だちの……」、たった6人でビル・ゲイツに行き当たる？

▼友だちの友だちの……は、何人になる？

「友だちの友だちは、みな友だち」、この言葉、本当でしょうか？

仮に、友だちが50人いるとします。さらに、その友だちにも自分以外に友だちが50人いるとします。するとどうでしょう。50×50の計算になるので2500人になるんです。ジャンボジェット機の収容人数がおよそ500人なので、およそ5機分のお友だちに増えるわけです。

もっと広げて考えてみましょう。友だちの友だちの友だちの……、これを6人またぐと、どのくらいの人数になるでしょう。

結論からいうと、なんと、世界の総人口78億人の20倍ほどになります。

計算して考えましょう。友だち50人でスタート。友だちの友だちをあわせると、2500人でした。さらにその友だちで、12万5000人、またその友だちになると、なんと625万人。次は約3億人、そして最後の6人目の友だちでは、とうとう約156億人になるのです。

世界の総人口は78億人といわれていますから、理論上では6人目の友だちで世界中の人と繋がることが可能ですね（計算1）。

この現象を「6次の隔たり」といいます。この6次の隔たりとは、社会心理学者のスタンレー・ミルグラムが、知り合い6人目で世界中の誰にでも行き着くことができる「スモールワールド現象」を実験で実証した定義です。


次に友だちの人数を調整して計算してみます。「友だち100人できるかな?」という歌があったと思います。仮に100人できたとして、友だち100人としましょう（計算2）。すると、友だち5人をまたぐと100億人になるので、世界の総人口を突破します。つまり、「5次の隔たり」になりました。

次では、6次の隔たりで78億人を突破する、友だちの最低人数は何人でしょうか（計算3）。

計算1　友だちが50人でどのくらい増えていく？

50人
50^2 → 2500人
50^3 → 12.5×10^4（12万5000人）
50^4 → 6.25×10^6（625万人）
50^5 → 約3×10^9（3億人）
50^6 → 約156×10^9（156億人）

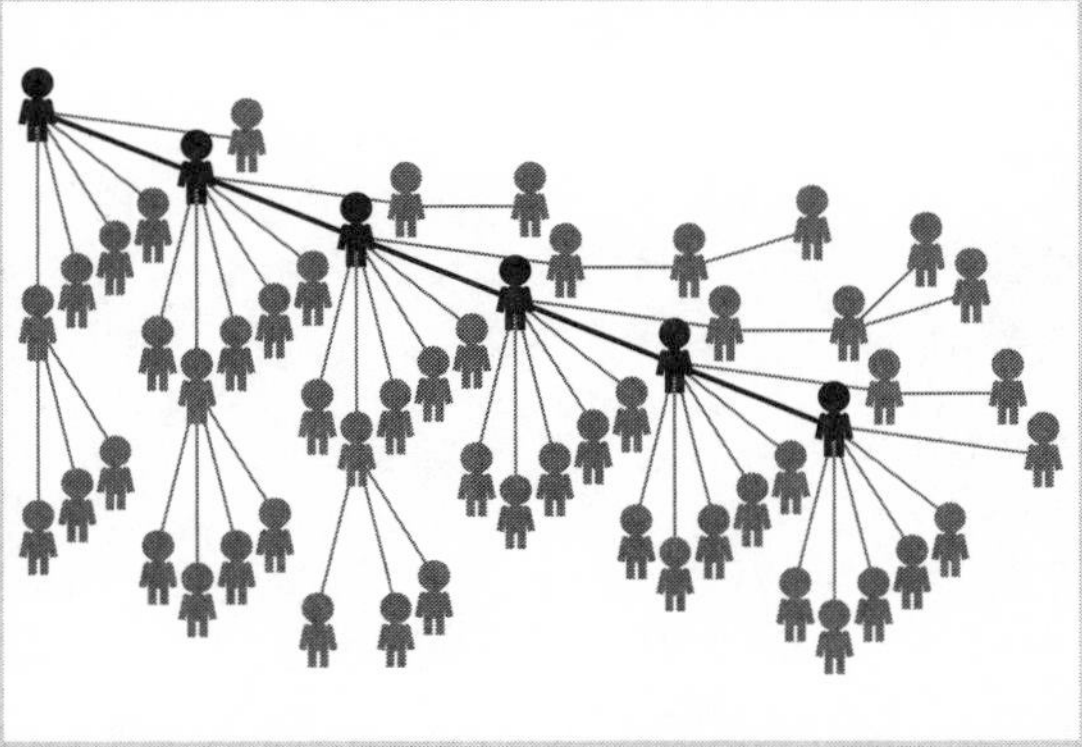

〈数学基礎知識〉
累乗とは？

同じ数や文字をかけ合わせたものを累乗といいます。
例えば、5をかけ合わせたとき、次のようになります。
$5 \times 5 = 5^2$（5の2乗）

計算2 友だち100人だったら、何次で人口突破？

友だちの人数が100の場合で、計算してみましょう。

1次　100
2次　100^2　→　1万人
3次　100^3　→　100万人
4次　100^4　→　1億人
5次　100^5　→　100億人

計算3 6次で78億人を突破する、友だちの最低人数は？

友だちの人数を45人として計算してみましょう。

1次　45人
2次　45^2　→　2,025（約2000人）
3次　45^3　→　91,125　（約9万人）
4次　45^4　→　4,100,625　（約410万人）
5次　45^5　→　184,528,125　（約1億8000万人）
6次　45^6　→　8,303,765,625　（約83億人）

ちなみに、友達の人数が44人の場合は、
6次で、7,256,313,856　（約73億人）になります。

▼SNSでは、どんな広がりになる？

ネット社会の現代では、以前よりも世界が身近になりました。とくにSNSの普及・発達により、誰もが簡単に世界の裏側でも繋がることができる世の中です。

この社会背景をふまえ、2016年にフェイスブックが、アメリカ国内のアクティブ・ユーザー15億9000万人を対象に行った調査によると、6次の隔たりを大きく更新して「3.5次の隔たり」という結果が出たそうです。そのとき、平均で何人の友だちがいることになるでしょうか（計算4）。

世界中のフェイスブックユーザーの総人数をおよそ28.5億人とすると、約4人をまたぐだけで、繋がることが可能ということ。さすが、ネットの繋がりは広いと思います。

計算4　友だちが何人で15億9000万人突破？

友だちをx人とすると、次のような計算式になります。

$x^{3.57} = 159000000$

$x=$（約）378

アメリカ国内のフェイスブックユーザーは、平均で378人友だちがいる計算になります。

▼友だちの友だちの……、たどると誰にたどり着く？

友だちを6人またぐと世界中に繋がると聞くと、「意外と世間は狭い？」という印象になります。

しかし、よくよく考えてみると、実際には6次の隔たりはとてつもなく遠い関係です。Aさんと Bさんは知り合いで、BさんはCさんと知り合い。BさんはAさんとCさんの共通の知り合いですが、AさんとCさんは面識がありません。「2次の隔たり」レベルなのに、AさんにとってCさんは、知らない赤の他人。そう考えると「3次」「4次」と進むにつれて、もうさっぱりわからない無関係の人になり、6次の隔たりともなれば、かなり遠い遠い世界の未知の人ということになるわけです。

逆に、遠ければ遠いほど、まったく知り合いではないけれど、誰もがその名を知る有名人や著名人にたどり着いているかもしれません。たとえば、友だちに「一番のお金持ちの人」を紹介してもらいましょう。さらに、その人から一番のお金持ちの人を紹介してもらいます。そうやって6人たどっていけば、マイクロソフト創業者の大富豪ビル・ゲイツ氏やアマゾン創業者の大富豪ジェフ・ベゾス氏に到達する可能性も大いにあるということです。もし、紹介し続けてもらえたとしたら「ジェフ・ベゾス氏と知り合い」が実現するかもしれません。

計算すると身近なモノの見方が変わる

トランプのシャッフル、実はこのとき「無量大数」に触れていた？

▼「那由他」って使ったことある？

突然ですが、問題です。次の漢字に共通するのは何でしょうか？

［兆　正　那由他］

実は、これらは漢字文化圏で、数量を表す単位だったのです（表）。

万、億、兆、京……あたりまでは聞いたことがあるかもしれません。それより高くなると普段の生活では無関係に感じます。日本の国家予算でさえ約100兆円前後ですし、「無量大数」こそ、無限の世界の領域。一生使うことないのではないか、とすら思うかもしれません。

数量を表す単位		
単位	読み	数
一	いち	1
十	じゅう	10
百	ひゃく	10^2
千	せん	10^3
万	まん	10^4
億	おく	10^8
兆	ちょう	10^{12}
京	けい	10^{16}
垓	がい	10^{20}
秭(秭)	じょ（し）	10^{24}
穣	じょう	10^{28}
溝	こう	10^{32}
澗	かん	10^{36}
正	せい	10^{40}
載	さい	10^{44}
極	ごく	10^{48}
恒河沙	こうがしゃ	10^{52}
阿僧祇	あそうぎ	10^{56}
那由他	なゆた	10^{60}
不可思議	ふかしぎ	10^{64}
無量大数	むりょうたいすう	10^{68}

1無量大数は、10の68乗、つまり0が68並びます。ちなみに、1兆は、10の12乗ですから、無量大数がどれほど大きいかがわかると思います。

そんな未知の数量「無量大数」ですが、実は私たちの身近にあったのです。

▼無量大数が、身近にあった？

それは、誰もが知っているトランプ。

トランプでゲームをするときには必ずシャッフルしますよね。その54枚のカードをシャッフルして並べたとき、何通りあるか、計算してみましょう（計算）。

トランプをシャッフルしてすべてのカードを並

1無量大数＝10の68乗
＝100,000,000,000,000,000,000,000,000,000,000,000,000,000,000,000,000,000,000,000,000,000,000,000

計算　**カードの並び方が何通りあるか**

＊1枚目には54通りの可能性があります
＊2枚目には53通りの可能性があります
＊3枚目には52通りの可能性があります
……このように54枚目までかけていきます。

$54 \times 53 \times 52 \cdot \cdot \cdot \cdot \cdot \times 2 \times 1 \fallingdotseq 2 \times 10^{71}$（約2000無量大数）

べた場合、なんと、２０００無量大数ほどのパターンがあるのです。無量大数が２０００ある２０００無量大数です。

わかりやすくたとえるなら、すべてのパターンをつくるには、１秒に1回シャッフルしたとしても、宇宙の歴史１３８億年をはるかに超えてしまうのです。

もしもトランプをシャッフルして54枚の同じ並び順に出合えたら、２０００無量大数分の１の確率、それはまさしく奇跡といえるでしょう。

どの家庭にもある身近な存在のトランプに隠された無量大数。何気ない生活のなか、知らず知らずのうちに「君はいま無量大数に触れている！」ということです。

「1%の確率」をひも解く

「出現率1%のガチャ」、100回やっても1回も出ない確率36%!?

▼「アイテム出現率1%」の本当の意味とは？

オンラインゲームをする人にはお馴染みの「ガチャ」。ガチャとは、スマホゲームやソーシャルゲームのアイテム課金方法の通称で、アイテムの抽選くじを引くことです。この「ガチャ」の出現率の表記は、景品表示法のガイドラインで定められていますが、「出現率1%ではないんじゃないか！」という声をよく聞きます。

ショッピングセンターなどにある、硬貨を入れてまわして景品を取り出す「ガチャガチャ」とは仕組みが異なります。店頭でのガチャガチャの場合、当選確率1%と表記されているときは100回ま

計算1　出現率1%なので、当たらない確率は $\frac{99}{100}$ です。

100回行うので、計算は、$\frac{99}{100}\times\frac{99}{100}$……と $\frac{99}{100}$ が100回です。

$\left(\frac{99}{100}\right)^{100} = 0.3666032\cdots\cdots$（=約36%）

計算2　$1 - 0.36 = 0.64$（=約64%）

わすと必ず1回は当たります。しかし、ガチャの場合、何回引いても分母が変わらず、常に同じ確率で推移する計算方式なので、アイテム出現率1％と表記されていても、必ずしも100回引けば1回当たるというわけではありません。

「アイテム出現率1％だから、100回課金したのに当たらない！　詐欺じゃないか!!」といいたくなりますよね。

では、なぜそうなるのか、考えていきましょう。

「ガチャ」の具体的な出現率について説明します。

出現率1％のガチャを、100回やって1回も当たらない確率を計算します（計算1）。

結果、100回引いても1回も当たらない確率は、約36

計算3　「x回ガチャを引いたとき、1回も当たらない確率が50％を下回る」を式に表して、計算します。

$\left(\frac{99}{100}\right)^x < 0.5$（50％）

xが69回の場合

$\left(\frac{99}{100}\right)^{69} = 0.4998\cdots$

1 − 0.4998 = 0.5002（≒ 50.0％）

xが68回の場合

$\left(\frac{99}{100}\right)^{68} = 0.5048\cdots$

1 − 0.5048 = 0.4952（≒ 49.5％）

％でした。次に、100回引いて、1回は当たる確率はいくつでしょうか（計算2）。

計算の結果、1回は当たる確率は、約64％になります。つまり、100回引いて1回も当たらない確率は約36％、1回は当たる確率は約64％です。というわけで、意外と当たらないんですよね。

では、1回は当たる確率が50％を超えるタイミングは、何回ガチャを引いたときなのでしょうか（計算3）。

つまり、69回ガチャすれば、50％を超える確率で当たるという計算になります。

「新しいレアアイテムの出現率が1％です」といわれて、100回課金して1回は当たると思われますが、1回も当たらない人が3割以上もいるのです。100回引いても出ない人もいれば、1回目で運良く出る人もいる、100回引いて2回、3回以上当たる人もいる……というわけです。「100回やったのに出ないじゃないか！」との声を見聞きしますが、実はこういった数学的カラクリがあったということです。

スポーツを数学的に解剖してみよう

パワーだけじゃない！「ハンマー投」が、素人では絶対できない理由

▼パワーより求められる熟練のワザ

「東京2020オリンピック・パラリンピック」では、アスリートの勇姿が感動を呼びました。なかでも陸上競技の「ハンマー投」では、選手の投擲《とうてき》する姿を見ながら、あらためて「すごい技術だ！」と感激しました。鉄球を振り回してより遠くまで飛ばすハンマー投という競技、「パワーや体格が必要なのでは？」と思うかもしれませんが、実はそれだけでなく投げる技術がすごかったんです。

選手がどのようにハンマーを投げているかご存じでしょうか？

選手がハンマーを離すタイミングは、投げ飛ばす正面ではなく、それより90度手前の地点から手を離します。ハンマーから手を離れた後も選手が回転を続けているため、正面で投げているようにも見えます。正面で手を離して投げると、回転しているので、真横に飛んでいってしまいます。素人がやると、とんでもなく危険なことになりそうです。ハンマーを持って回転する1秒～2秒の間に、決められた狭い幅のコートをめがけてまっすぐ飛ばさなければならない。そうなると、筋力はもちろんですが、高度なテクニックも必要になりますから、本当に難しいスポーツだといえます。

▼手を離すタイミングは、何秒？

回転から投擲までを計算して読み解いてみましょう。

わかりやすく「2秒間で4回転してハンマーを投げる」と仮定して考えます（計算）。

計算　2秒で4回転、つまり1秒で720°回転しています。

正面の有効区域の角度が約35°ですので

35 ÷ 720=0.0486…

つまり、0.0486秒（約0.05秒）の瞬間に手を離さないといけないわけです。

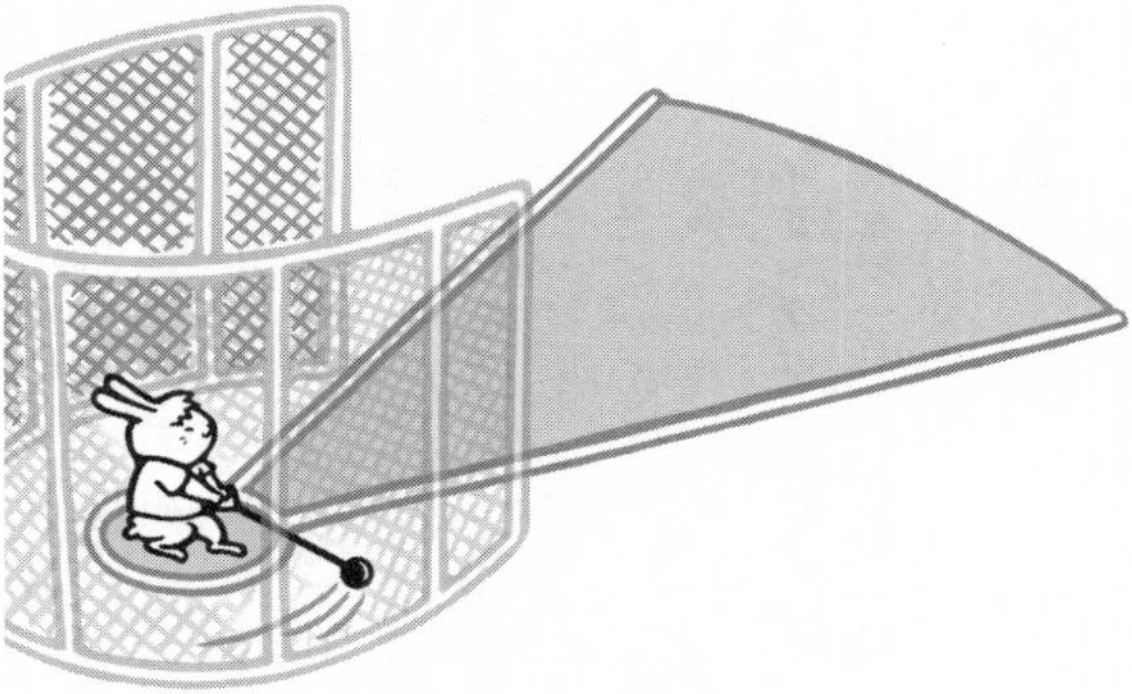

つまり、たった約0・05秒。熟練の技ですね。
しかも、実際の競技では有効区域に飛んでいくことは当たり前で、どれだけ遠くへ飛ばすかを競うわけです。
選手はもっと正確な時間や角度でハンマーを飛ばしていることになり、そのタイミングたるや、私たちの想像を超えるすごい技術だと思います。

オリンピックでハンマー投の解説をしていた2004年アテネオリンピック大会で金メダリストの室伏広治さんは「ハンマー投は、リニアモーターカーに乗りながらサッカーゴールにゴールするぐらい難しい」といっていました。リニアモーターカーは最高時速500㎞を超えるので、こちらのほうがはるかに難しいというツッコミはできますが、室伏さんはそれほどのインパクトがあることを表現したかったのだと思います。その表現を否定できないほど、確かに技術が必要なのがわかりました。

そのためか、ハンマー投は若い選手よりも30歳前後の熟練した選手のほうが強い競技なのだそうです。室伏さんも自己ベストは29歳のときだったといいます。「筋力」「技術」「イメージ」の三拍子そろうには、かなりの鍛錬が必要なのがうかがえます。

数学的な観点から見ると、技術の裏側がわかりますし、また違った視点で競技を深く知ることができます。次にハンマー投を見るときには、アスリートたちの超人的な技術にあらためて驚いてください。

植物にも数学が隠れている

木陰のあの涼しさが、ある数学的構造を使えば、再現できる?

▼木陰が心地よくて快適なのはなぜ?

森林浴という言葉があるように、大きな木の下や森の中で過ごすのはとても気持ちいいですよね。暑い日も陽射しをさえぎってくれる木陰は、涼しくて最高です。この「木の下が心地よくて快適」には、数学的にちゃんとした理由があります。前作『文系もハマる数学』でも、紹介しましたが、今回も「フラクタル構造」で、その理由を解説します。

木や花などの植物にはフラクタル構造がみられます。木はある程度伸びたら、一定の枝分かれを繰り返していきます。伸びるごとに、同じような角度、長さでどんどん枝分かれを繰り返して大きくなり、複雑な形に見えるのです(図1)。

図1　木のフラクタル構造

〈数学知識〉
フラクタル構造とは？

ある一部分が全体と相似している関係、これが連続しているもののことです。いわゆる「自己相似性」ともいい、大きくても小さくても同じ図形のことです。わかりやすい例では、ブロッコリーがまさしくフラクタル構造になっており、全体の形状とひと房の形状が同じ(厳密には、似ていて）です。ブロッコリーは一部分を拡大しても元の形と同じになりますよね。

さらに、木をじっくり見てみると、葉が一定の角度で重ならないように絶妙な角度で広がっています。木は日光を受け、光合成して大きくなりますから、太陽を満遍《まんべん》なく浴びるために効率よく葉を広げているのです。つまり、葉は重ならないように生長していたわけです。

大きな木の下にいくと、規則的にすき間なく広がった葉が上手に日光をさえぎってくれるため、日陰になる。だけど、中身はスカスカですから、風通しがよくて涼しいのです。それが「木の下が快適なのはなぜ？」という答えになります。

▼「木陰の涼しさ」を再現した屋根がある？

この合理的かつ素晴らしいフラクタル構造は、建築物への応用に研究が進められています。そのうちのひとつ、京都大学の酒井敏教授らグループが研究している「フラクタル日除《よ》け」の屋根がすごい。

木の葉のように小さく薄いタイルを、すき間をつけて屋根につけます。このタイルをフラクタル構造のひとつ「シェルピンスキー四面体」が使われています。これは、ある一方向では光を100％さえぎり、しかし、立体的にはスカスカの構造になっています。そのため、屋根につけ

図2　京都大学内にあるフラクタル日除け

下はサーモグラフィー画像。フラクタル日除けによってできる日陰は温度が低く、日向は温度が高い。

出典：***Sierpinski's forest: New technology of cool roof with fractal shapes***
Sakai, S; Nakamura, M; (...); Tamotsu, K
Dec 2012 | ***ENERGY AND BUILDINGS*** 55 , ***pp.***28-34

ると、「木陰にいるような涼しさ」を再現できるというわけです（図2）。

このフラクタル日除けは、エコの観点からも注目されており、さまざまなところで活躍しています。横浜国際総合競技場内や神戸市の生田川公園に設置されていたり、東京オリンピック２０２０でも活躍しました。さらに、個人宅の外壁やフェンスにも利用できるようです。

これからも注目のフラクタル構造。自然を数学的に解剖して、見えた特性を利用する。フラクタルは「役に立たせよう」という発想から生まれたものではないかもしれません。ですが、ふとしたときに役に立つ、こういうのも数学の魅力のひとつだと思います。

「強くて美しい」を引き出す数学的技術

ネギにも、橋にも、あの名建築にも……、隠されていた曲線美

▼人がもっとも美しいと感じる曲線

「曲線美」という言葉があるように、私たちは曲線の造形物を見て「美しい・きれい」と感じることがあります。曲線のなかでもっとも美しいといわれている曲線を「カテナリー曲線（懸垂《けんすい》曲線）」といいます。ひもの端と端の2点を持ったとき、ひもが垂れ下がってできる曲線です（図1）。また、この曲線は見た目が放物線 $y=x^2$ の形に似ており、昔は区別がつかなかったといわれています。

この曲線は美しいだけでなく強度も高く、カテナリー曲線で橋をつくると強く頑丈になります。多くの名建築でもカテナリー曲線が使われており、さらに、さまざまな植物の根の輪郭もカテナリー曲線になっていたのです（図2）。

図1　カテナリー曲線と $y=x^2$

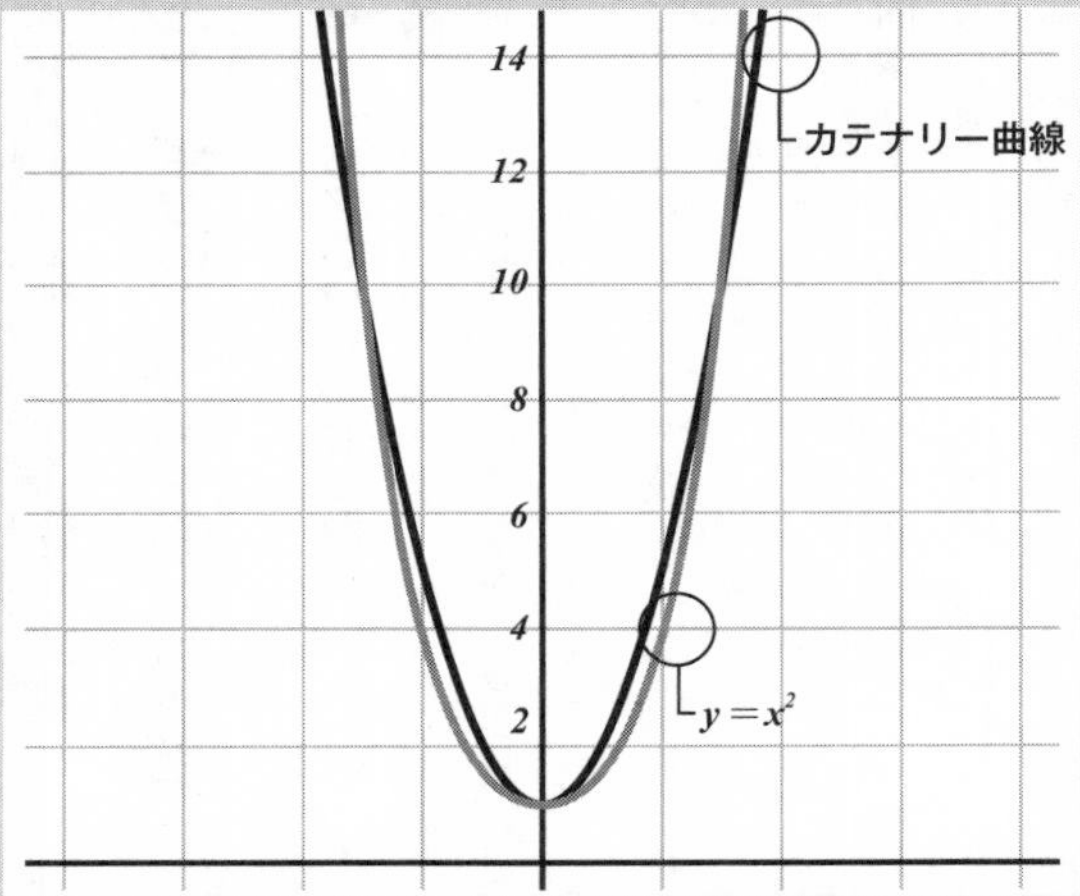

美しくて強い……ならば、さまざまな商品に使えそうだ！　と思えるカテナリー曲線ですが、その完璧な左右対称の美しさにも弱点がありました。

たとえばコップの底にこの曲線を用いてしまうと、大変なことになります。コップに水を勢いよく注ぐと、その水が美しいカテナリー曲線を描いて飛び出してしまうのです。

▼歴史的建造物に隠された数学ミステリー

橋やビルなど建築物には、曲線や数学的な手法が多く使われていますが、

図２　カテナリー曲線の植物の根と名建築

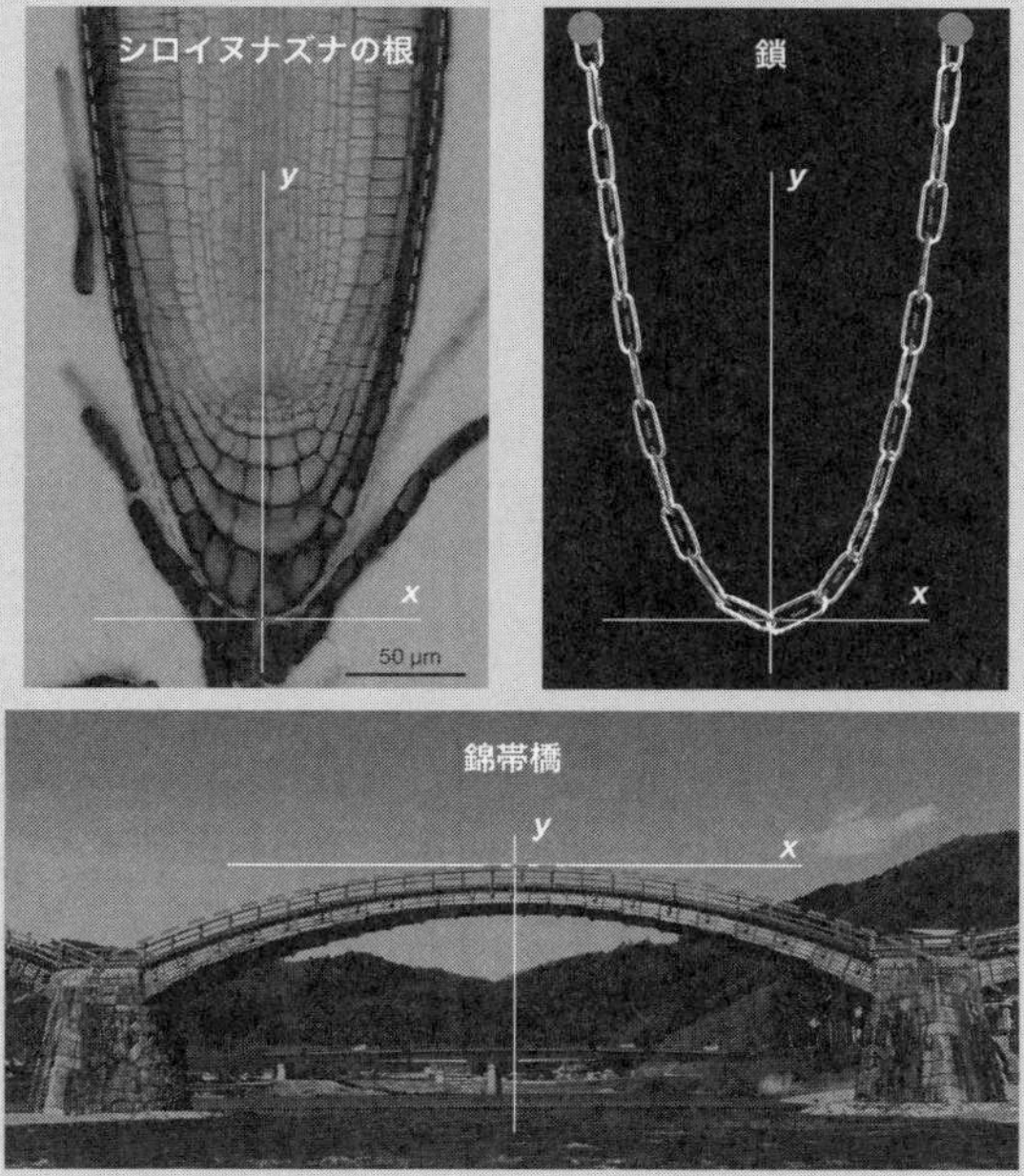

鎖を垂らすと現れるカテナリー曲線。藤原基洋氏、郷達明博士、津川暁博士、藤本仰一博士らの研究グループは、植物の根の輪郭がカテナリー曲線と一致することを明らかにしました。シロイヌナズナやネギ、キュウリ、スミレ、ナデシコ、コスモスなどさまざまな植物の根にもその曲線を描いているといいます。この曲線は力学的にも安定していることから、たとえば山口県岩国市の錦帯橋にもその形になっています。

古代の名建築には計算し尽くされたワザが巧みに使われています。

イタリア・バチカン市国にある「サン・ピエトロ広場」は上から見ると楕円形です。楕円とは、円を少しつぶしたような形状で、2つの定点からの距離の和が一定になる点の集合からつくられる曲線です。この2つの定点を「焦点」といいます。この焦点の位置を変えることで、楕円の大きさが変化します。


周囲の建造物の内側に楕円を描いたとき、なんとその楕円の焦点の位置に噴水がほぼ重なります（図3）。

サン・ピエトロ広場の建設は1650～60年代ですから、意図して噴水の位置を焦点にしたのであればスゴい発想です。「え、何か意図があるのか」といろいろ調べてみたのですが、理由は謎に包まれたまま。なにかしら「数学的ミステリー」があるのかもしれません。

建築の世界、とくに歴史的な名建築には、隠された数学的手法がたくさん使われています。みなさんも気になる建築物を調べてみると、面白い発見に出会えるかもしれません。

図３　サン・ピエトロ広場は楕円形？

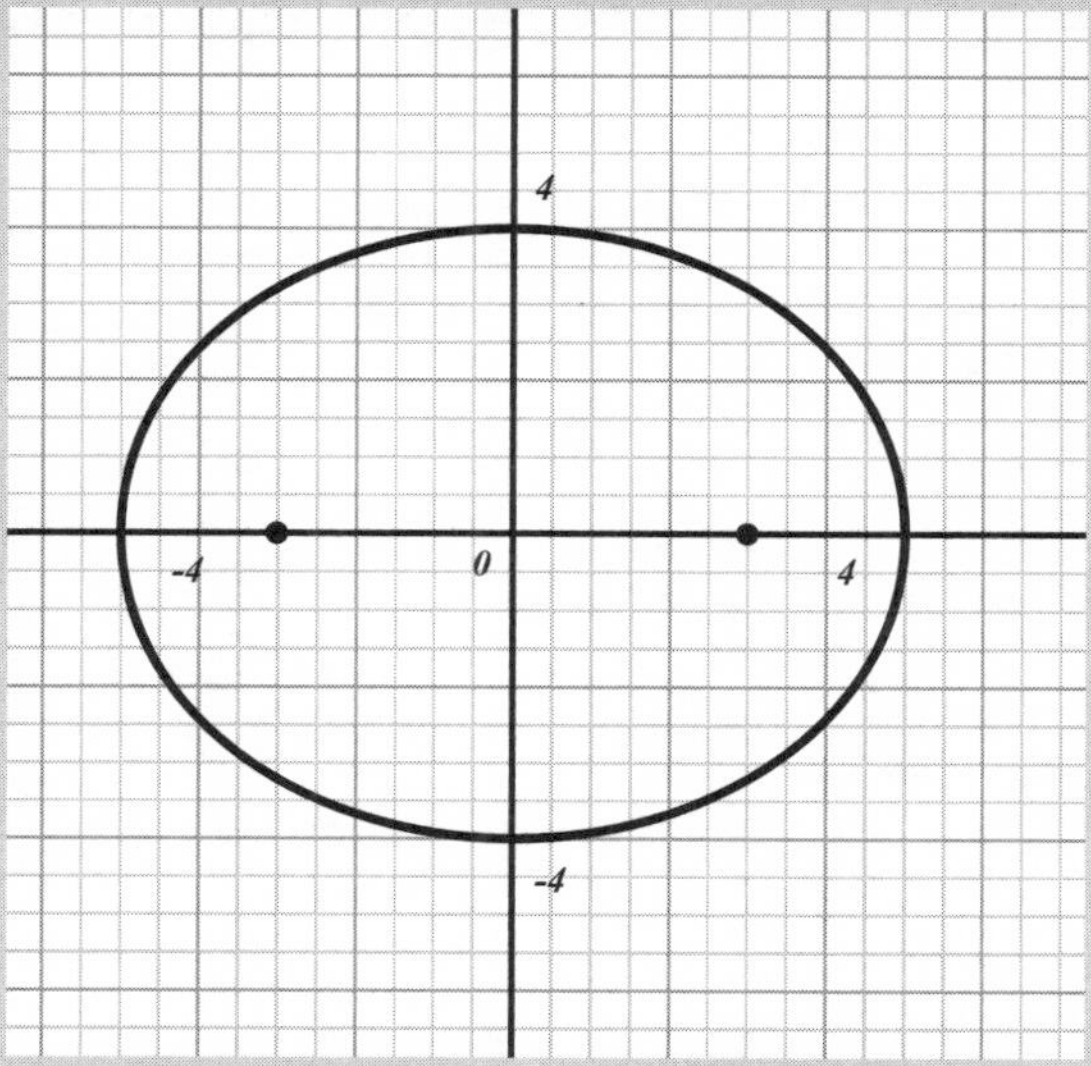

なぜ、GPSは、宇宙の衛星から現在地がわかるのか

▼「三平方の定理」が身近で大活躍!?

今では当たり前になったカーナビやスマホの地図アプリにあるGPS機能はとても便利です。入り組んだ街角でもほとんど誤差なく位置がわかり、進む方向をナビゲートしてくれます。カーナビのはじまりは1981年、自動車メーカーのホンダが世界初で開発したブラウン管型カーナビだったそうです。それから月日は流れ、ここ最近はほとんどの車に搭載されています。この便利さに慣れているため、レンタカーを借りたりしてカーナビが搭載されていなかった場合は、やはり不便に感じてしまいます。

ご存じかもしれませんが、GPSの位置情報は宇宙にある衛星から、場所を捉えて教えてくれ

図1　衛星1機から位置情報を把握する仕組み

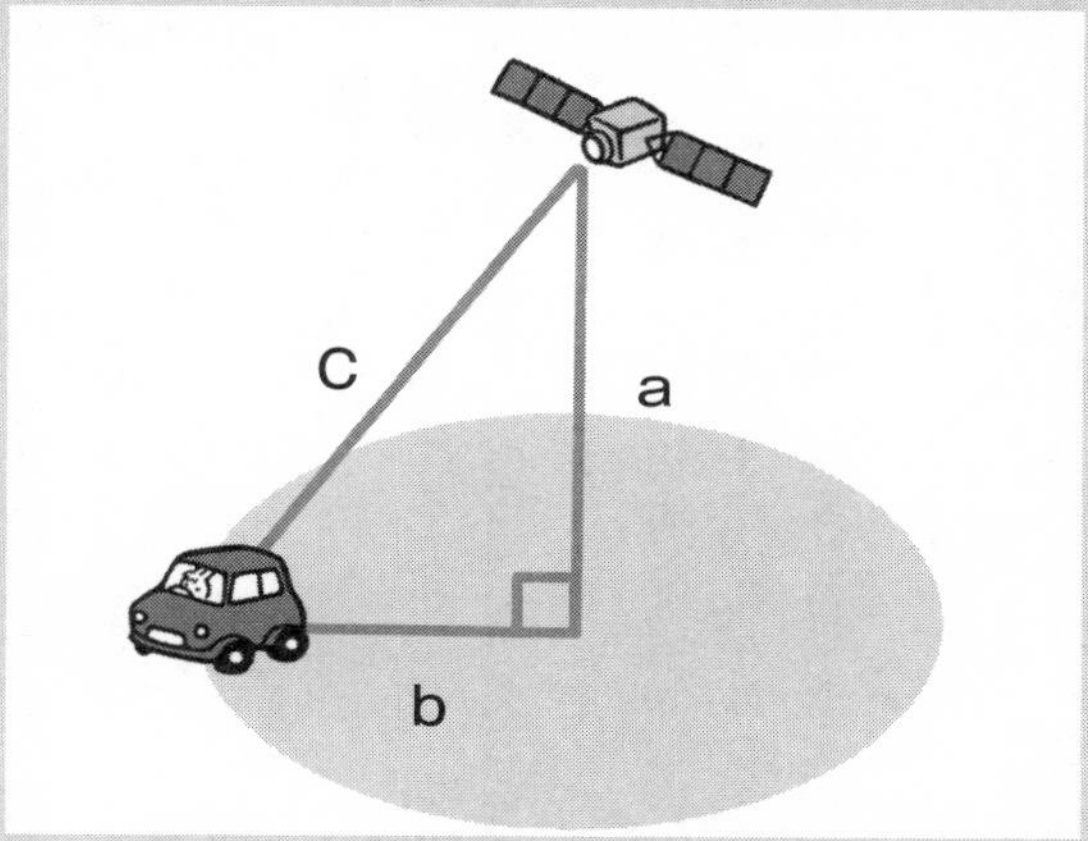

ています。より正確な場所を知らせるために、実は複数台の衛星を用いているのです。その衛星での位置情報を把握する仕組みについて説明します。

図1のように、衛星から地面までの距離をa、その地面から車までの距離をb、衛星から車までの直線距離をcとします。

aとcの距離は、衛星からの直線距離なので衛星自身が把握できます。aとcの距離がわかれば、「三平方の定理」（詳細は次のページ）を用いることでbの距離も割り出せるというわけです。

しかし、衛星が1機の場合はまだ距離だ

けしかわかりません。つまり衛星の真下の地面を中心にした「半径bの円周上のどこかに車がいる」までしかわからないのです。どうしているのでしょうか。

▼衛星1機で測れないなら……

実は、複数の衛星を使っていたのです。図2のように、衛星2機の場合、それぞれの円周上で交わる場所dかeの地点のどちらかにいることがわかります。そして3機の衛星が加わることにより、円周上で3点が交わり、はじめてe地点に車があるとわかります。現在はたくさんの衛星が飛んでいますので、より正確な位置情報を得られるというわけです。

ちなみに、僕はGPSを使わず、地図読みや方向把握

〈数学基礎知識〉 三平方の定理とは？

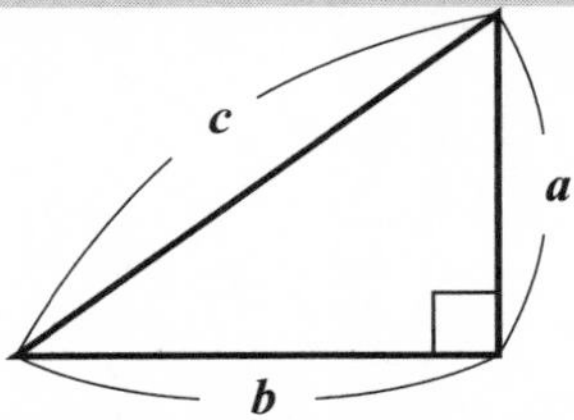

$$a^2 + b^2 = C^2$$

図２　衛星３機から位置情報を把握する仕組み

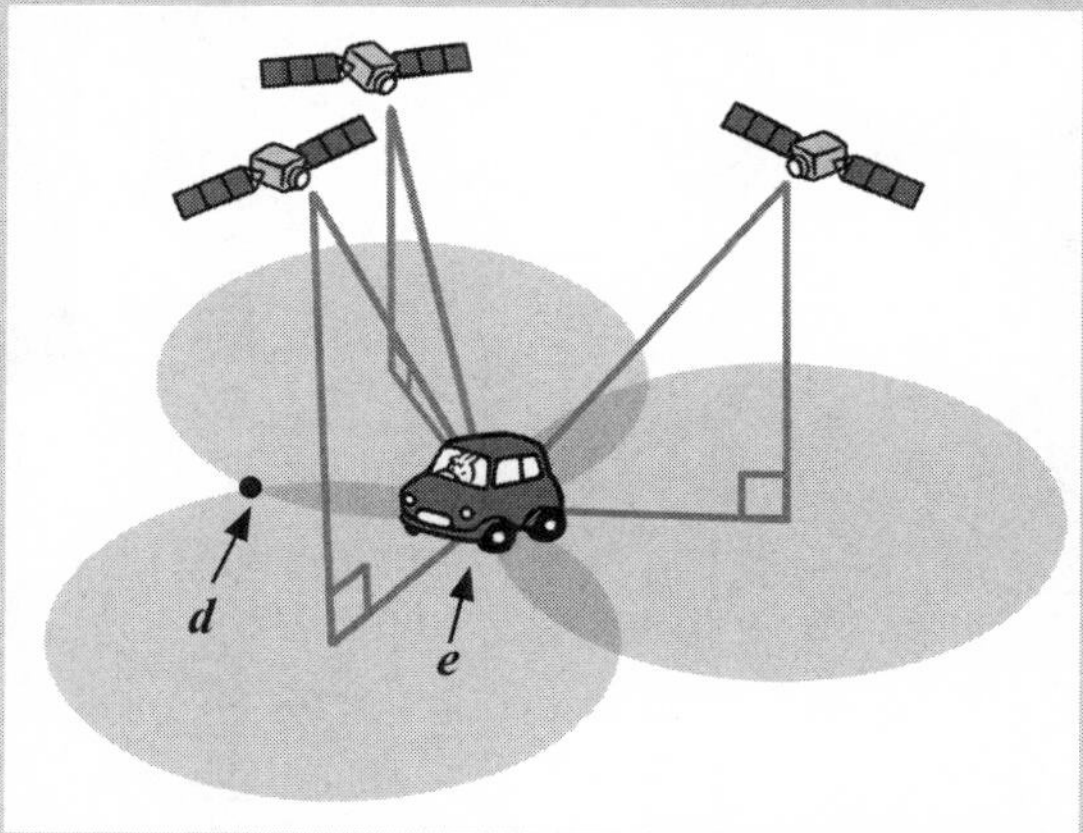

を頭で考えて散歩するのが好きです。東西南北を把握して、今いる場所と目的地を把握します。そしたらスマホはしまって、地図を見ずに距離や時間を逆算してどんどん進むのです。続けていくと、頭の中にある地図が、進む方向をナビしているような感じになります。また、時間を逆算しているのでどのくらいの距離をどのくらいの時間で進んでいるのかもわかってきます。

数学的能力のひとつ、時空間の認知能力が上がるのでは？　と思っています。おすすめですよ。

一生使わないと思っていた三角比が、身近にあった！

▼毎日使うアレに、三角比はあった！

高校で習う「三角比（sin・cos・tan）」について、多くの人が「人生で使う場面ある？」「知る必要ある？」と疑問に思ったことでしょう。記号だらけの公式もたくさん登場するため、聞くだけで拒否反応を起こしてしまう人もいると思います。そんな三角比ですが、実は私たちのとても身近な場所に使われていました。

結論からいうと、それは私たちが毎日通勤や通学で利用している「階段」だったのです。どのように三角比が使われているのか、紹介します。

まず、三角比とは、その名のとおり三角形の辺と辺の比のことです。

階段は、「幅」「踏面《ふみづら》（階段面）」「高さ（蹴上《けあげ》）」で構成されています。この3つは建築基準法

〈数学基礎知識〉
三角比とは？

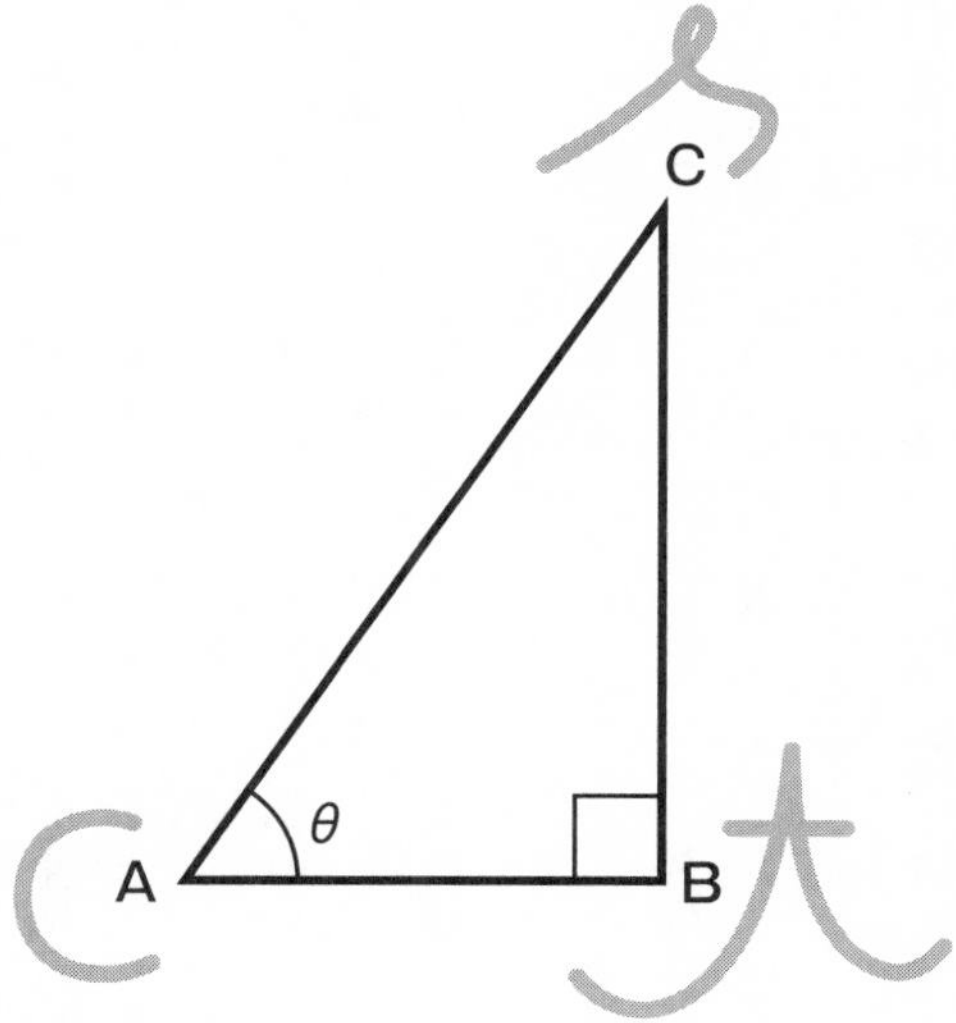

角 B が 90°の直角三角形 ABC があるとすると、
次の公式が成り立ちます。

$$\sin\theta = \frac{BC}{AC}$$
$$\cos\theta = \frac{AB}{AC}$$
$$\tan\theta = \frac{AC}{AB}$$

で定められた長さがあり、その範囲内でどの階段もつくられています（図）。たとえば、踏面が30㎝で勾配30度の階段の高さを求めたい場合、どのようにしたらいいか。ここで、三角比であるタンジェントを使うと、とても楽に式がかけます（式）。

これを応用すれば、富士山の山頂までの斜面の距離も求めることができます。富士山頂の高さを３７７６ｍ、平均勾配を25度として計算してみましょう（計算）。

答えは、９４４０ｍ。登山では、９㎞以上をのぼっていたことになります。他にも、お寺の階段の長さやゲレンデの長さなど、さまざまな傾斜のある距離や長さを簡単に計算することも可能になります。三角比を使うと、身近な距離や高さ、角度などがザックリと計算できるのです。

ちなみに、三角比がなければ大航海時代がなかったと思えるほど重要でした。昔だけではありません。現代も階段同様、さまざまな建築場面などになくてはならないものです。私たちが何気なく使っている階段にも、数式がこっそり潜んでいました。そんな不思議に気がつけたら三角比を学んでおいてよかったと思えませんか？

図　階段は、建築基準法で定まっている？

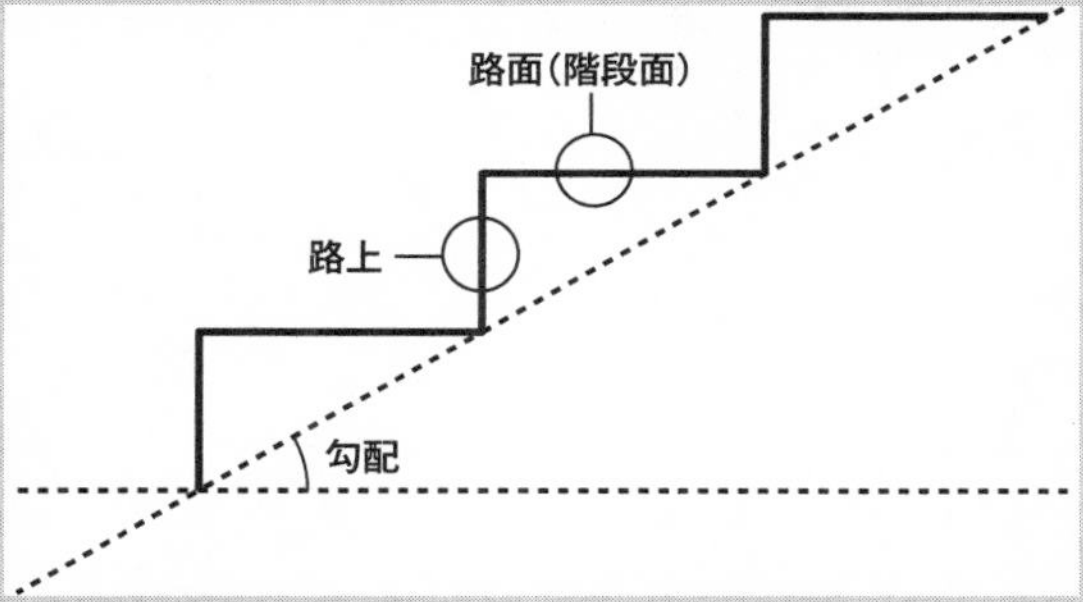

・幅：750*mm* 以上
・踏面：150*mm* 以上
・高さ：230*mm* 以下
・理想の勾配：30°〜 35°

式
階段面 x の長さを 30*cm*、高さ *Ycm*、勾配 30°

$\tan 30° = Y \div 30$

$Y = \tan 30° \times 30$ （$\tan 30° = \frac{\sqrt{3}}{3} \fallingdotseq 0.58$）

$= 17.4$ （*cm*）

計算
斜面の距離＝ *Y*、富士山頂の高さ 3776*m*、勾配 25°

$\sin 25° = 3776 \div Y$

$Y = 3776 \div \sin 25°$ （$\sin 25° \fallingdotseq 0.4$）

$Y = 9440$ （m）

数学に人生を捧げる高校生の青春ストーリー

数学×漫画×青春という新しい切り口の本。

首席で高校に入学した主人公、小野田《おの だ》春一《はるいち》が、新入生あいさつの壇上で数学の祭典「数学オリンピック」を目指すと公言してストーリーは始まります。地道に難問と向き合い努力する熱血漢の春一と対照的に、数学好きのギャル、七瀬マミは型に捉われることなく、いわゆる「独学」で数学と向き合ってきました。そんな2人が出会うことで、不思議な化学反応が生まれます。

作中の問題は、実際に数学オリンピックを目指す人が解くような難易度で、その問題と向き合うキャラクターのセリフや感情に臨場感があります。

著者である藏丸《くらまる》先生と対談した際にこの『数学ゴールデン』に対する想いを聞きましたが、そのときに出てきたキーワードが「数学で青春ものを描く」でした。まさにこの本は「数学」の本であり、数学と向き合う人の「青春」が伝わってくる作品です（対談内容は青春オンラインに掲載：https://seishun.jp/entry/20210909/1631178000）。

また、漫画だからこそ表現できる数学の魅力もあります。彼らが描く解答、そして難問と向き合う表情など、きっと読み進めていく間に新しい数学の魅力に出会えることでしょう。

『数学ゴールデン１』
2020年6月26日刊
藏丸竜彦・著
白泉社

2章

世の中の裏が超見えてくる数学

選挙の投票締め切り直後に「当選確実」が出る不思議

▼開票、集計してないハズなのに……

国政選挙など注目度の高い選挙が行われると、だいたい選挙の投票が終わる午後8時にテレビで選挙特番が始まります。早いときには番組開始と同時に、当選確実の速報が出ますよね。

これを受けて、ネット上では「投票締め切りの8時ジャストにわかるなんてオカシイ！」「何か不正が行われているハズ！」「陰謀だ、デマだ！」と必ずといえるほどザワザワします。

実際は、不正や陰謀などではなく、「出口調査」を行い、その結果を受けた統計の裏付けをもとに当選確実を出しています。

出口調査とは、投票所の出口で誰に投票したかを問う調査・アンケートです。開票が進んでいない段階で、当選の見込みを推定するために各マスコミによって行われます。この出口調査、実はおおよそ100人に1人ほどの調査で済むのですが、なぜ、それだけの調査で当選確実がわかるのでしょうか。そのカラクリを紹介します。

全国規模の大きな選挙や地方の小さな選挙など、それぞれの地域の規模に応じて、出口調査の調査人数が変わってくる、そう思うかもしれません。実際は、世論調査やアンケートなどでは、1500人〜2000人の意見を調べることができれば、10万人であっても、1億人であっても、ほぼ同等の結果がわかるのです。

統計には、すべての対象者を調べることなく、ある程度信頼性のあるデータを集める方法「標本調査」があります。もちろんすべての対象者を調べないと誤差（標本誤差）が生じますが、標本の数をある程度多くする、可能な限り偏《かたよ》りがないようにするなどで誤差を軽減することが可能なのです。

この統計学的手法は身近な例でいうと視聴率の調査や工場で生産される商品の不良品を調べるのによく用いられています。

▼統計がわかれば、超効率化

たとえば、生産された商品100万個のなかに、どれだけ不良品が出るか調べる場合を考えましょう。100万個すべて、手作業、目視で調べるのは大変です。しかし、一定数をランダムに選んで、そのなかに不良品がどのくらいの割合であるかわかれば、全体でも不良品の数の検討がつくのです。こちらのほうが効率よさそうです。

具体的には、100万個からランダムに選んだ2000個を調べます。2000個のうち不良品が10個あったとすると、0・5％の割合で不良品が存在することになりますから、100万個中では5000個前後の不良品があると予測がつくわけです。

この統計学的な理論を用いると、出口調査は2000人のアンケートがとれれば、何人分のアンケートだとしても、かなりの接戦でない限り、ほぼ当選確実と同等の結果が出るわけです。それをもとに当選確実を出していたのです。もちろん出口調査時点で僅差である場合は当選確実を出せません。

〈数学知識〉

サンプルの数は 1500 で十分？

選挙では、投票権のある人数をもとにサンプルの数が決まります。1億人の場合では 1500 ～ 2000 でいいといえます。

しかし、たとえば、ある学校 1000 人をアンケート調査する場合は、サンプル数は 2000 も必要ありません。いくつ必要なのか、考えていきましょう。必要なサンプル数を算出する数式は次のようになっています。

$$\frac{N}{\left(\frac{E}{k}\right)^2 \times \frac{N-1}{P(100-P)} + 1}$$

N＝調査する全体の人数（母集団）
E＝許容できる誤差の範囲
P＝想定する調査結果＝ 50（％）（50％のときに最大のサンプル数になるため）
k＝信頼度係数＝ 1.96（通常、信頼度 95％を基準とするため）

計算すると、次ページの表のようになります。

▼出口調査になかなか立ち会えないワケ

2021年7月に行われた都議会議員選挙でも、まさしく午後8時になった途端、開票率0%の時点で当選確率が出ました。

NHKの出口調査では、都内484か所の有権者4万3600人を対象に2万6359人から回答を得ていると記載があります。

2万人以上の回答ということは、先ほどの2000人よりはるかに多いサンプル数といえます。この日もやっぱりネットは大いにザワついていました。

ただし、疑問が残ります。「出口調査している人なんて出会ったことない」「出口調査ってすぐにいなくなるけど、なぜ?」と。これもあっという間にわかります。

表　調査する数と必要なサンプル数

N（調査する数）	必要なサンプル数
2	2
100	94
1,000	607
100,000	1,514
10,000,000	1,537
1,000,000,000	1,537

ＮＨＫの例では、４万３６００人に調査した場合、そもそも全体投票数が約４７０万票なので、割合としても１００人に１人の調査です。

もし、４８４か所で聞くとしたら、１会場あたり90人ほど聞けばいいことになります。投票開始の時間である午前8時30分頃から10時間ほどの間で聞くのであれば1時間あたりたったの９人。ほとんど出会うことはなさそうですね。

あくまで、統計の出口調査によって「当選予測」を出す手法をお伝えしております。国政を決める投票の1票1票、大事な票です。

平均値の「だましテクニック」にご用心

疑いたくなる「日本の景気は上向き」、隠されたトリックとは

▼ニュースに違和感が生まれる、あるトリック

「日本の景気は上向き。日本人の平均年収も上がっています」

このようにニュースが報道されると、首をかしげたくなります。「私がいる会社以外の景気がよくなっているのかな。転職しようかしら」と。ただ、早まらないでください。実は、このニュースには、ある「平均」のトリックが隠されていたのです。

国税庁・民間給与実態統計調査（令和元年分）によると、日本人の平均給与は約436万円だそうです。この数字だけでは「一般的には約436万円の年収がある」と思えます。

しかし、図1を見てみると、平均年収（400万～500万円）を稼ぐ層の割合は全体の約15

図1　平均年収とその割合

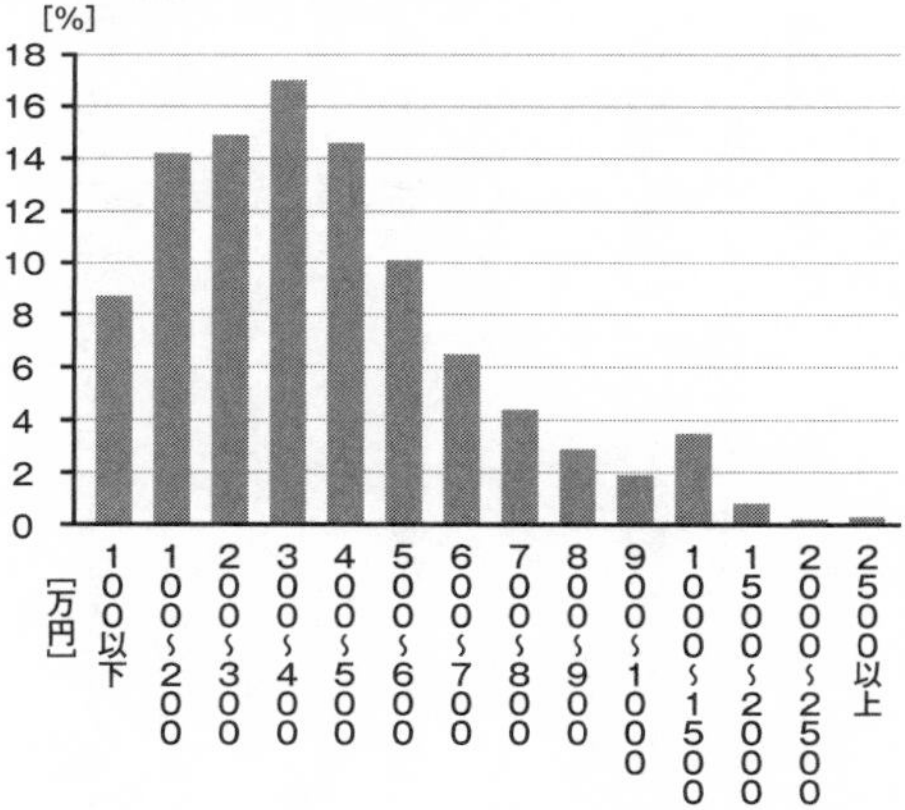

%です。さらに、年収400万円以下の割合は全体の約54%で、年収300万~400万円層の割合が一番多いことがわかります。

平均年入は400万円以上なのに、実際には国民の半分以上が年収400万円以下なのです。この大きな違和感の原因こそ「平均値の落とし穴」です。なぜこのようなことになるのか、理由を考えてみましょう。

たとえば、ある地域10人のうち9人が年収300万円で、1800万円を稼ぐ資産家が1人いるとします。単純に計算すると、この地域の平均年収は450万円になります。この地域で、年収450万円を目安としたさまざまな政策が行われていたとしたら、この地域の9人は納得できないでしょう。

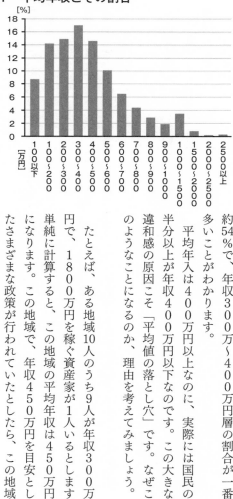

この結果だけ見ても「平均とは何か」わからなくなりませんか？

▼統計のどこに注目すると真実が見えるのか

統計を表した数字やグラフを確認するとき、「平均値」に注目しがちですが、他にも名前がついた指標があります。それは「最頻値」と「中央値」。これらに注目すると、より具体的に全体像が見えてきます。

最頻値とは、そのデータのなかでもっとも多く現れる値のこと。中央値とはちょうど真ん中の順位の値のことです。

前述のある地域では、最頻値は３００万円、中央値は上から5番目の人の年収なので同じく３００万円です。最頻値と中央値に注目することで、この地域の大多数の人が年収３００万円という事実が見えてくるわけです。「平均年収４５０万円」から、大きく見え方が変わったのではないでしょうか。

最頻値、中央値、平均値などの指標は「代表値」とよばれ、全体の傾向をつかむうえで大切な

表　2地域の貯蓄「合計5000万円」

	A地域	B地域
中央値	300	400
平均値	500	500
最頻値	100	600
1	2500	2100
2	500	600
3	500	600
4	500	600
5	300	400
6	300	400
7	100	100
8	100	100
9	100	50
10	100	50

単位：万円

視点です。

　中央値、平均値だけで安心してはいけません。最頻値をよく見ないと判断できないケースがあります。

▼「平均値」と「中央値」のワナ

　さらにトリックの例をもうひとつ。

　A地域、B地域にそれぞれ10人います。合計の貯蓄額が5000万円、平均は500万円です。中央値は、A地域は300万円、B地域は400万円です。平均値、中央値だけで判断すると、「そこそこ貯めているのか」と思われます。しかし、最頻値とその内訳を注目すると見方が変わるかもしれません（表）。

最頻値は、A地域では１００万円が４人、B地域では６００万円が３人だったのです。

平均値、中央値だけで判断すると、中身が見えてこないことがわかったのではないでしょうか。

隠れた部分をしっかり確認することで、別の見え方ができるのです。

たった10人という少ない人数でさえ本質を見誤るのですから、全国民や世界を対象とした調査などはなおさら誤差や誤解が多く発生しそうですよね。

▼図でみると一目瞭然！

最後に、内訳を見ずに判断してはいけないとわかる例を紹介します。

イギリスの統計学者フランク・アンスコム（１９１８－２００１）が１９７３年に「アンスコムの例」と呼ばれるデータを示し、その発想を元につくられました（図２）。

先ほど紹介した代表値でいうと、平均値がすべてのグラフで同じ値になります。縦の軸と横の軸とそれぞれありますが、どちらの軸においても平均は同じ値です。それどころか、ほかの統計

図２「アンスコムの例」にあてはまるデータ

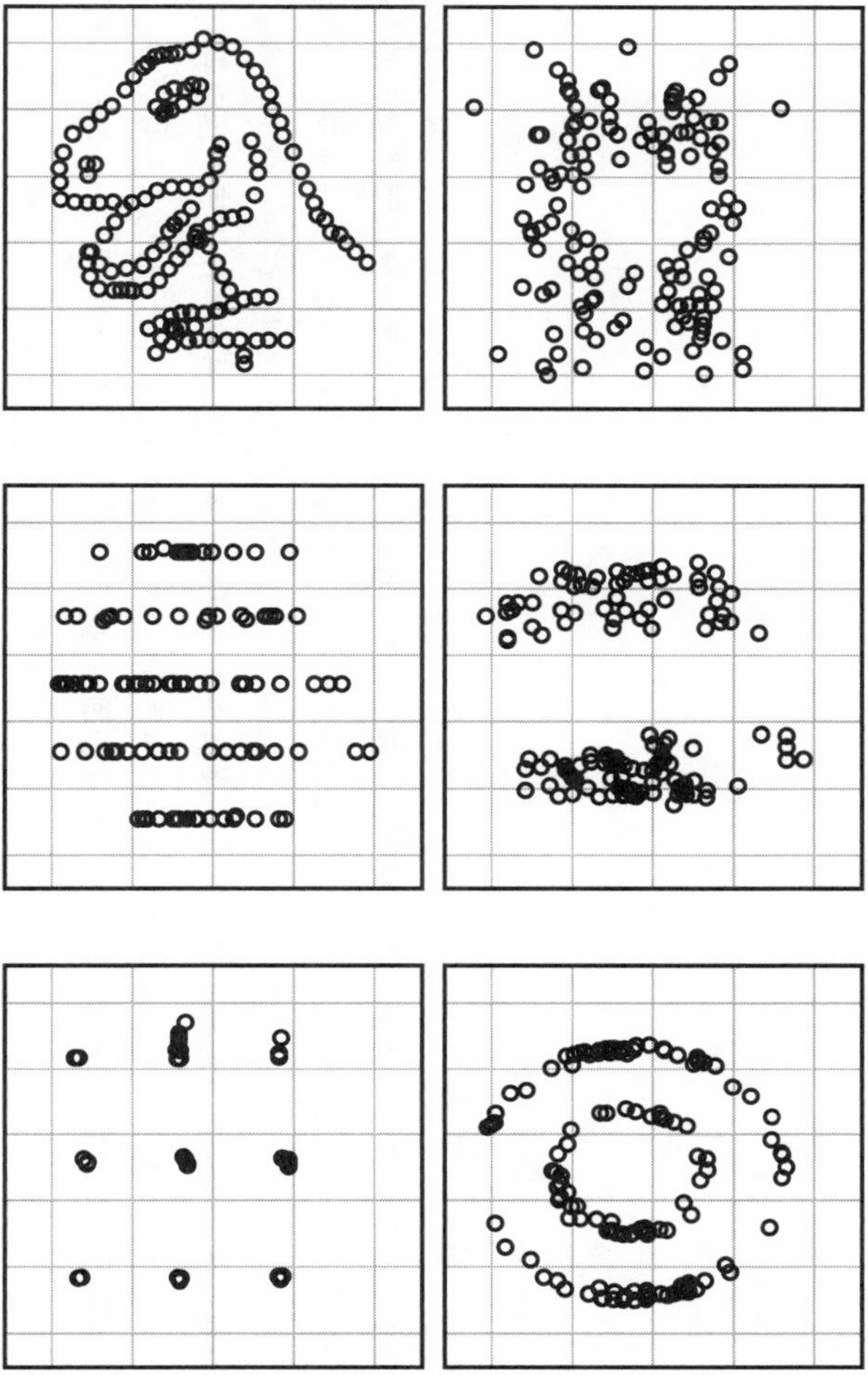

を詳細に解析する手段として使う、「相関係数」（簡単にいうと縦の位置と横の位置の関係性の強弱を表す指標）や、「標本分散」（簡単にいうとデータのばらつき具合）などでも、この6つのデータはほぼ同じ値をとります。データの見た目は全然違うのに、統計で解析に使う指標が同じ値になってしまう、非常に不思議な例です。

統計やグラフなどはあくまで参考資料にすぎません。平均年収、平均貯蓄額、平均投資額……など、身近な統計であふれています。惑わされて右往左往せず、しっかり確かめることをオススメします。

グラフは見るだけではダメ

「マーガリンの消費量」と「離婚率」、その驚きの関係

▼データが示しているからって正しい？

「知っていましたか？　なんと、マーガリンの消費量が減ると、離婚率が低くなるんです。グラフで表してみると図のようになります。マーガリンには、何か離婚を促すような危険な成分が入っているのかもしれません」

図は「マーガリンの消費量」と「アメリカ・メイン州の離婚率」の推移を表したグラフです。2つの推移はほぼ似通っており、「この2つには何か特別な関係があるのか」と思ってしまいますよね？

実際には「マーガリンの消費量」と「アメリカ・メイン州の離婚率」は、因果関係が一切あり

図　マーガリンの消費量と離婚率の推移

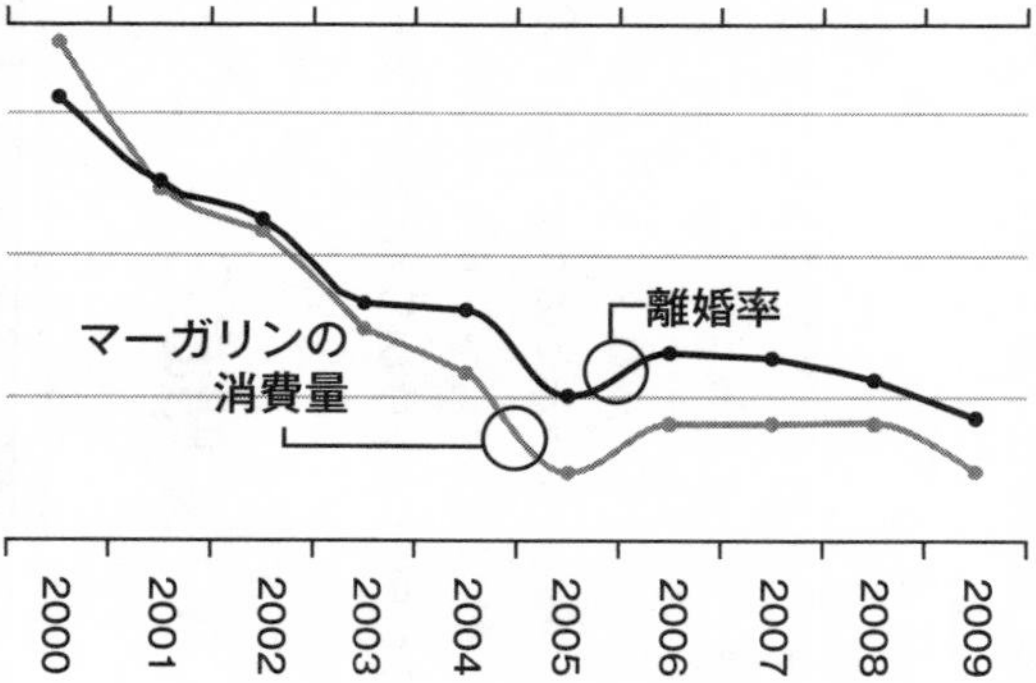

ません。まったくの偶然により、同じような推移になっただけです。

このように、因果関係がないけれど、あたかもなにかしらあるように見えることを「疑似相関」といいます。

あらゆるデータが存在する情報社会の現代では、ちょっとした偶然や見え方で疑似相関が生まれやすく、思い違いが起こりやすいのかもしれません。

▼アイスクリームの売り上げとプールの事故数の関係

他には、「アイスクリームの売り上げ」と「プールの事故数」の推移が似通う例があります。これは、因果関係ではないですし、別の因果（夏という季節柄や気温）があります。

この結果から、「アイスクリームが注意力を妨げてプール事故を誘発したのではないか」と考えるのは早計です。もちろんそんなことはありません。

アイスクリームが売れた理由は気温が関係しているため。プールの事故が多いのは気温が高く、プールの利用者が多いためだと考えられます。

つまり、アイスクリームの売り上げとプールの事故数は相関関係ではありますが、因果関係はない疑似相関といえます。

疑似相関を知らなかったら、「プールに入るときはアイスクリームを食べてはいけない」、そんな規則が生まれていたかもしれませんね。

身近なパラドックス「平均は高くても平均が低い」ってどういうこと?

▼平均のパラドックス

「世の中、矛盾であふれてる!」そう叫びたくなることがあるかと思います。そんなとき、数学的に考えていくと、こんがらがった問題をひも解いてくれるかもしれません。

今回は、統計の「パラドックス」を紹介します。パラドックスとは、正しそうに見えるけれど、実際には異なる(またはその逆)のような事象をさします。

数学以外のさまざまな分野でこのパラドックスとよばれる事象がありますが、ここでは数学の統計学に関係するパラドックスを「シンプソンのパラドックス」といいます。

とある模擬試験のテストの点数を例に紹介します。

塾の合同説明会に行ったところ、A塾とB塾が最後の候補に残りました。そこで、前回の模擬テストの点数が高いほうを選ぼうと思い、点数を聞いてみました。すると、何やら揉《も》め始めたようです。何が起こったのでしょうか。

「わがA塾は、理系クラスと文系クラスとも模擬試験を受けたところ、B塾よりも、平均点が高かった。優秀な生徒が多いんですよ」

そうアピールするA塾の塾長。しかし、B塾の塾長も負けていません。

「何をおっしゃいますか。その模擬テスト、私どもの塾でも受けましたよ。よく見てくださいまし。理系クラスではこちらのほうが平均点が5点高く、文系クラスでも平均点5点高くてよ」

どちらも平均点が高いと言って話が対立していますが、ウソはついていないようです。

なぜ、このようなことが起こるのでしょうか。詳しく見ていきましょう。

▼平均の内訳を考えて判断

A塾　平均70点の理系クラス70人　平均55点の文系クラス30人
B塾　平均75点の理系クラス20人　平均60点の文系クラス80人

どうやら、塾Bのほうが優秀そうです。では次に、A塾、B塾の全体の平均を出してみましょう（計算）。

A塾　平均65・5点　　B塾　平均63点

全体の結果を聞いただけでは、A塾のほうがよい成績を残しているように見えますが、クラス単位に注目すると逆転した結果になります。にわかに信じがたい現象が起きておりますが、まさにこのような現象こそがシンプソンのパラドックスなのです。

計算　A塾の理系、文系クラス合計の全体の人数は、100人です。全体の平均点を求めます。

（70×70 ＋ 55×30）÷100 ＝ 65.5（点）

B塾も同様に全体の平均点を求めます。

（75×20 ＋ 60×80）÷100 ＝ 63（点）

模擬テストの点数が高いという理由だとA塾を選ぶことになりますが、選定基準を変えて、最終的に少数精鋭かつクラス単位で見ると成績のよいB塾の理系クラスに入ることを決めました。

ちなみにこの結果、クラス単位に分けた数値だけで判断するとB塾のほうがよいようにも見えますが、A塾を「理系を志望する動機付けがたくさんできている塾」と読み解くこともできるかもしれないのです。自分の成績や勉強へのモチベーションを考えると、A塾のほうが合う、という人はきっといるはずです。

このように、頭を抱える問題にあっても、数学的にひも解いていくと、選択の基準ができてくることがあります。意思決定するときの判断材料に数学的な視点はもちろん役に立ちますが、その結果をふまえて何を考察するか、その思考も重要なのです。

「今日、ちょっと過ごしにくい」って単位がある？

▼人の感覚が単位になる？

「今日は、なんだか過ごしにくい。不快指数70くらいだな」

急に何をいい出すんだ？　と、思われたかもしれません。

数学は白黒はっきりとした明確な答えが導き出され、「不快感」といった抽象的な事柄にはマッチしない印象があります。しかし、「人の感覚」という曖昧《あいまい》に思えるものにも、数学的な指標が用いられています。意外な数学を紹介しましょう。

冒頭の「不快指数」とは、気温と湿度の組み合わせで求めた、体感温度を数字で表現した「蒸し暑さを表す指数」です。温度と湿度の変数でつくられる計算式があります（公式1）。

複雑な公式ですが、中学の理科で習った「湿球温度計」で考えると、簡単な公式になります。まずはおさらい。湿球温度計とは、温度計の球部を濡れたガーゼで包んだものです。水が気化（液体が気体になる現象）するとき、エネルギーを必要とするため、ガーゼの周りの熱を奪います。いわゆる気化熱といわれるものです。覚えていますか？

周りの空気が乾燥しているほど水分が多く蒸発するため、熱が多く奪われて湿球温度計の温度は下がる。逆に湿度が高いと水分が蒸発しにくいため、湿球温度計の温度は変わらない、という仕組みです。

【湿度が低い場合】
水が蒸発しやすい→熱を多く奪う→湿球温度計は下がる
【湿度が高い場合】
水が蒸発しにくい→室温と湿球温度計はあまり変わらない

公式1　不快指数＝0.81×気温(℃)＋0.01×湿度(%)×{0.99×気温(℃)－14.3}＋46.3

公式2　不快指数＝0.72×{気温(℃)＋湿球温度(℃)}＋40.6

この湿球温度計から「不快指数」を表すと、簡単な式になります（公式2）。

▼「ビール指数」「ラウドネス」など、単位は盛りだくさん？

不快指数は、寒くてたまらない、暑くてたまらない……などの、9段階の体感で表されています（表）。日本人の場合、不快指数が77を超えると65％の人が不快を感じ、不快指数85で93％の人が不快感を覚えるようです。

アメリカ人は不快指数80以上でほぼすべての人が不快を感じるため、日本人より湿度が高いのに敏感かもしれません。ただし、あくまで指標ですので、個人差や服装、体調などによって十分に左右されます。

「不快指数の計算、大変だな」と思った人は、日本気象協会が運営しているtenki.jp（https://tenki.jp/）で、毎日、全国の不快指数を発表していますので、覗いてみてください。また、tenki.jpでは、不快指数の他にも、「ビール指数」や「蚊ケア指数」「アイス指数」などがあります。

他にも、人の感覚を数値化した単位は、まだたくさんありますが、もうひとつだけ。有名なのは「音の大きさ・ラウドネス」があります。これは音圧を表す「dB（デシベル）」と違い、人が音に対して感じる大小の大きさを示す単位のことです。音の感じ方は人それぞれなので「音の大小を示す心理量」という言葉でも表現されています。

表　不快指数

指数	感じ方
85～	暑くてたまらない
80～85	全員が不快に感じる
75～80	半数以上が不快に感じる
70～75	不快感を持つ人が出始める
65～70	快適
60～65	何も感じない
55～60	肌寒い
50～55	寒い
～50	寒くてたまらない

［参考］富山県における地球温暖化に関する調査研究
―富山県内における不快指数の変化―

ちなみに、感覚の単位とは異なりますが、地震動の強さを表す「震度」は、全国各地に設置している計測震度計で自動的に観測されていますが、以前は気象庁の職員の体感による観測で「これは震度4だ」と決めていたそうです。1996年には廃止されています。

不快指数やラウドネスなどの単位は、「人の感覚を数値化して、想像つきやすくする」というかなり難しいことにチャレンジして生まれた指標でもあるのです。

カーブの緩やかさ、きつさをひも解く

あらゆるカーブに義務付けてほしい？事故らせない神ワザ曲線

▼コンクリートに隠れた数学

道路には、数学が潜んでいることをご存じでしょうか？　そのなかのカーブに秘められた数学の法則を紹介します。

誰もが起こしたくない車の運転。運転経験者は、一度はこんなカーブで、冷や汗をかいたことがあるかもしれません。

●立地も見通しも悪くないのに、曲がりづらいカーブ
●慎重にしないとハンドルをとられそうになるカーブ
●控えめなスピードなのに、大回りしないと中央分離帯をはみ出してしまうカーブ

図１　曲率が大きくなる「クロソイド曲線」

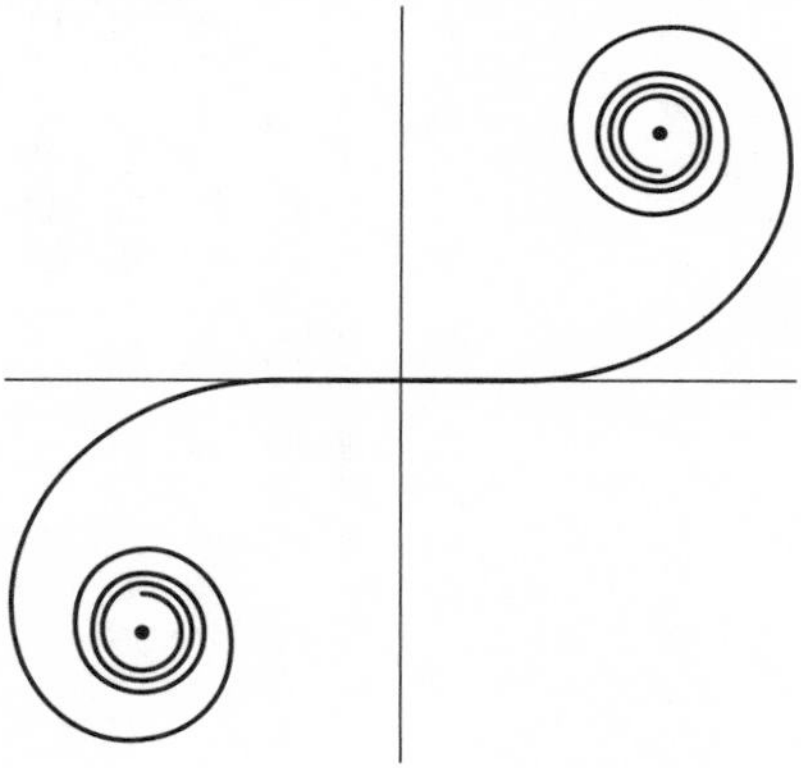

このように、なぜか交通事故が多発するカーブを「魔のカーブ」と俗称します。この魔のカーブ問題は、数学的に解決できる場合があり、カーブ自体の改良が進んでいます。それは高速道路や国道、鉄道などのカーブに使われている「クロソイド曲線」のおかげだったのです。

たとえば高速道路の料金出口までの道のりは、一定の円をぐるぐる走っているように思えますが、実際には小さい曲率から大きい曲率に緩やかに移行しているため、無理なハンドル操作をしなくても道に沿って走れるのです。

逆にクロソイド曲線よりきついカーブでは、スピードを出してもいないのに曲がりにくく、事故が起こりやすくなります。

▼クロソイド曲線とは？

クロソイド曲線とは、直線からカーブに入るときに徐々に曲率を大きくしていく「緩和曲線《かんわきょくせん》」の一種です。緩和曲線とは、直線からいきなりカーブに突入せず、緩やかに曲率を大きくしてカーブに入る、遊びがある曲線というとわかりやすいでしょうか。

図1は、曲率が一定の割合で増えていく様子を、螺旋《らせん》状の曲線で描いたクロソイド曲線を表したものになります。最初は緩いカーブですが、少しずつカーブがきつくなっていくのがわかります。

では実際にクロソイド曲線の効果を見てみましょう。図2はクロソイド曲線があるカーブとないカーブを比較したものです。

クロソイド曲線がないカーブは、まっすぐ走っていながらA点のカーブに差しかかったとき、大きく急ハンドルを切って「円区間」を走りきらなければなりません。かなりの高度なテクニッ

図２　クロソイド曲線が「ない道路」「ある道路」

●クロソイド曲線がない道路

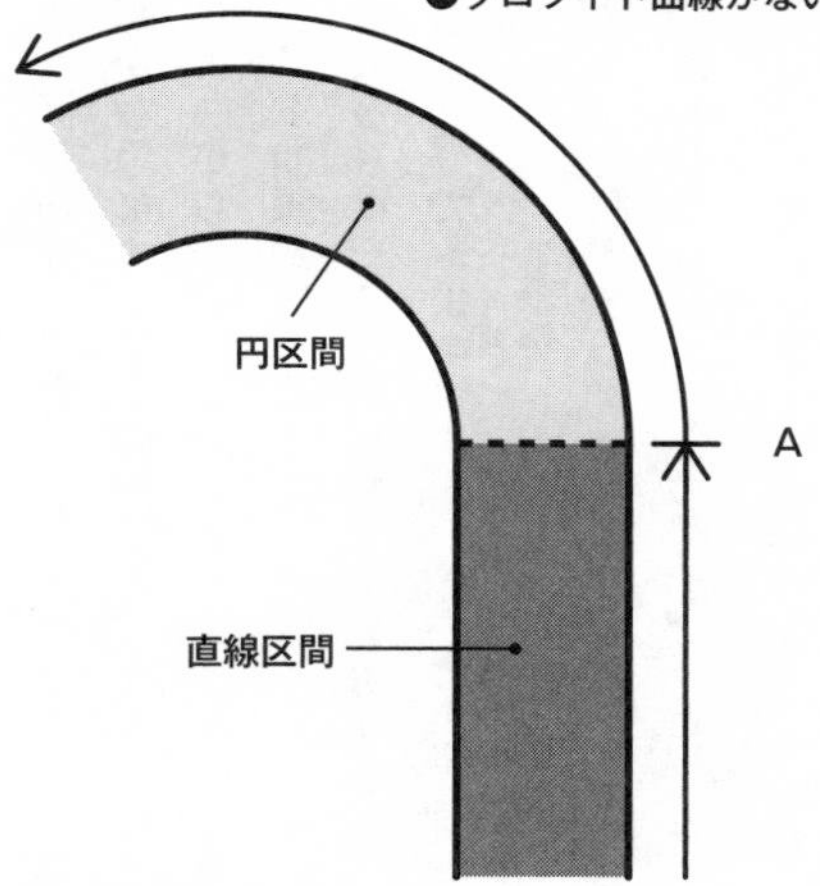

●クロソイド曲線がある道路

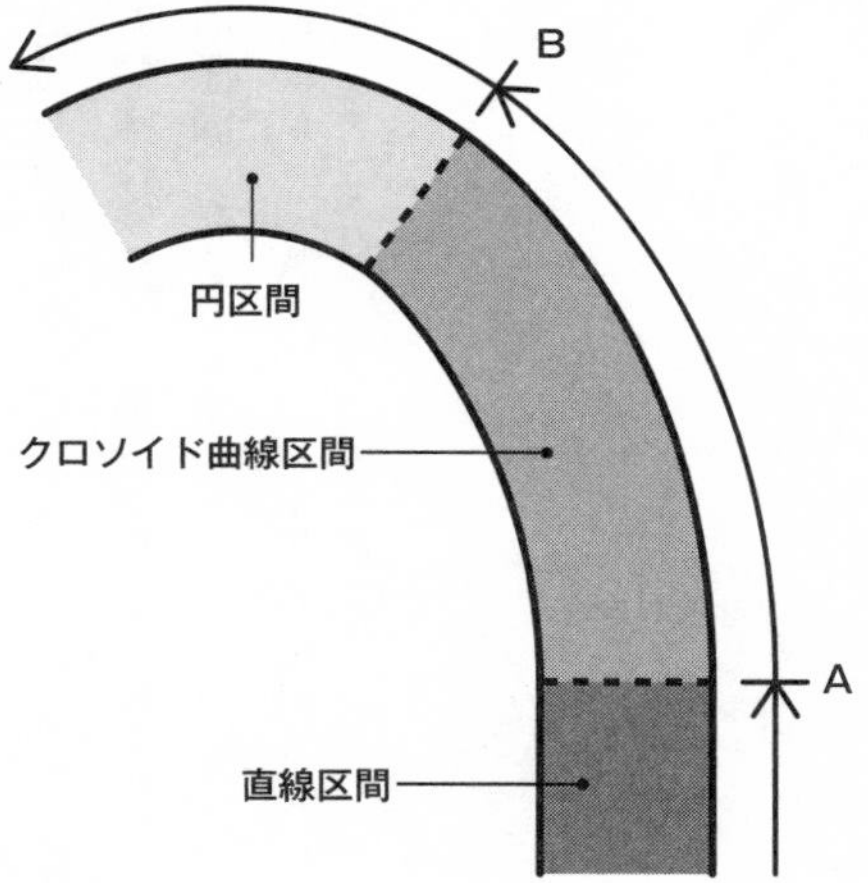

クが必要です。

スピードが出ていない平坦な道やバックできる道ならば、事故は起きにくいかもしれませんが、もしこれが高速道路だったり、アップダウンのある山道であったりすればとても危険です。さらに、直線から急にカーブを曲がると、どうしても大回り気味になり、中央分離帯より外側にはみ出してしまいがち。まさしくこれが「はみ出し事故」の原因になるのです。

クロソイド曲線があるカーブでは、クロソイド曲線区間に入るA点からハンドルを軽く切って、円区間に入るB点でさらにハンドルを切ります。それによって、急ハンドルを切らずに、ムリなく曲がることができます。

魔のカーブを解決するクロソイド曲線。しかし、誰もがわかる「あのカーブ」には、クロソイド曲線が使われていなかったのです。

▼今でも事故多発の「あのカーブ」

このクロソイド曲線が使われていない場所が、実は身近にありました。

それは、僕がこれまで生きてきて一番危険だと思ったカーブ、小学校のグラウンドです。このグラウンドのカーブは、曲率が急に変わります。だから走っているとカーブ手前で転びやすいのです。

とくに足の速い子は、よりスピードが出ているので転びやすい。走るのが得意だった僕もカーブでよく転んでいました。小学校のグラウンドにもクロソイド曲線が導入されていたら……と、悔しく思います。運動会の保護者リレーで大人たちが派手に転ぶのも、運動不足だけではなかったのです。魔のカーブ、実は小学校に潜んでいました。

東大教授が超わかりやすく数学を教えたら…

本書をお読みの人は、学校で触れたあの内容、もう一度ちゃんと理解したい、と思うことは少なからずあるはずです。ちなみに僕も「社会」をしっかり学んでおけばと後悔する経験があり、今、少しずつ学び直しています。

さて、この本では中学数学の一連の流れ、高校数学の一部をつかむことができます。中学数学はどういった分野を主に学ぶのか、それぞれの単元のつながり、そしてそれぞれの分野の中学数学範囲内でのゴールについてまとめた上で学び直しがスタートします。

あのときに覚えたあの言葉は、そういうことだったのか、この単元とこの単元は実はつながっていたのか！　という再発見ができる本。学び直しの本はいくつかありますが、この本は会話形式で構成されていたりなど、著者の西成先生から授業を教わっているかのようになっています。教科書や中学数学の問題集などを片手に読み進めていくとより深い理解をすることができるはずです。発売直後から人気の数学本の1冊です。

『東大の先生！　文系の私に超わかりやすく数学を教えてください！』
2019年1月23日刊
西成活裕・著
かんき出版

3章

ビジネスに超使える数学

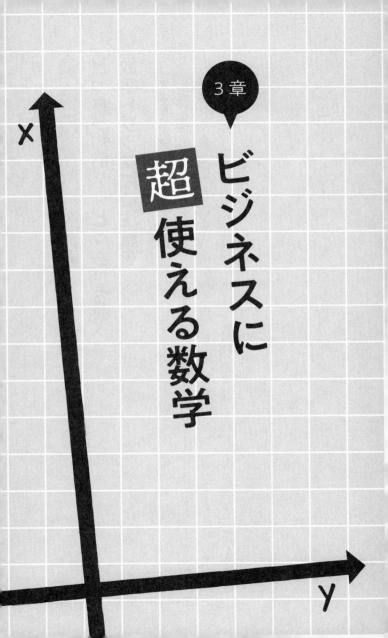

どっちが怖い？　どっちがお得？ 数字トリックにご注意を

▼どちらが怖い国に見えますか？

海外旅行の旅行先を決めるとき、または、引っ越し先を決めるときは、移動先がどんな所なのか事前に下調べすると思います。治安や交通情報もしっかりチェックして、安全な地域を選びたいところです。そのときに、「数字トリック」にご注意を。数字感覚を身につけて、惑わされないようにしましょう。

質問です。次のうち、どちらの国が怖い印象を受けますか？

【A国】１日あたりで交通事故に遭う確率０・００１％の国
【B国】死ぬまでに４人に１人は交通事故に遭う国

直感的には、交通事故率が高そうなB国に怖いイメージを持ちます。B国に住んでいる4人に1人は事故に遭っていると感じますが、A国では、事故が起こるのは稀なケースだと安心しませんか？

ただし、「1日あたり」と「死ぬまでに」、「0・001%」と「4人に1人」では直接的に比べられません。人生80年で計算してみましょう（計算1）。

すると、A国とB国の事故率、実はほぼ同じだったのです。数学トリックはまだまだあります。次も、考えながら読んでみてください。

計算 1

「1日あたりで事故に遭う確率0.001%」を、80年のうちに事故に遭う確率にしてみましょう。
80年を日に直すと約29200日。
29200日で少なくとも1回事故に遭う確率は、100%から、29200日に1回も事故に遭わない確率を引けば求まります。

　99.99%の29200乗＝74.676…（約74.68%）

100%から引くと、25.32%。
つまり死ぬまでに4人に1人は事故に遭っていることになります。

▼スーパーの「〇〇％OFF！」お得なのは？

もうひとつ、お買い物の例で考えましょう。

値段が1万円のある商品がありますが、C店とD店では割引率が違いました。どちらが安くなるでしょうか。

【C店】75％OFF

【D店】70％OFF。さらにレジで15％OFF

どちらも割引後の値段はいくらでしょうか(計算2)。

このように、世の中には数字で印象が変わるものが多く存在します。何気ない日常や身近にある「数字トリック」をよく観察してみましょう。

計算2

【C店】75％ *OFF* では、いくらになるでしょうか。

$10000 \times (1 - 0.75) = 2500$

C 店では、割引後の値段は2500円になりました。

【D店】70％ *OFF*、その後、15％ *OFF* で、いくらになるでしょうか。

10000円の70％ *OFF* →

$10000 \times (1 - 0.7) = 3000$

3000円の15％ *OFF* →

$3000 \times (1 - 0.15) = 2550$ 円

D 店では、割引後の値段は2550円になりました。

サクッとわかるゲーム理論①

裏切るか、沈黙か……、決断に迫られる思考実験

▼最適な判断がわかるゲーム理論

これまで見てきたように数学は、身近なモノやコトに潜んでいました。他にも、数学は思考法に関係するものがあります。そこで、今回は、「ゲーム理論」を紹介します。ゲーム理論とは、複数の関係のもとで、どのような行動をとるべきかを考える理論です。

ゲーム理論は、ビジネス、政治や経済などの世界で、最適な行動を決める思考法として用いられていますが、日々の生活にも活かせる視点ですので、学生や主婦（主夫）、そしてビジネスパーソンも役に立つ場面があることでしょう。思考実験として、「自分だったらどうするか？」と、考えながら読んでみてください。

今回は、なかでも有名な「囚人のジレンマ」を紹介します。物々しい名前ですが、自分は捕まえられた銀行強盗犯になったつもりで考えてみましょう。

銀行強盗をした犯人A（自分）と共犯の犯人Bが警察に捕まりました。別々の部屋に分けられ、事情聴取を受けています。2人は会話をすることができません。そんな状況で、それぞれが「主犯を自白するとお前の罪が軽くなるぞ」といわれます。問題なのが、「自分が自白した場合と黙秘した場合」と「犯人Bが自白した場合と黙秘した場合」で、罪の重さが変わってくるのです。どの程度変わるか、表で確認しましょう。

▼正解のない選択、その最適解とは

2人で口裏を合わせて「黙秘」すれば、200万円の罰金ですみます。一方が自白して一方が黙秘だと、一方は罪が軽くなり、もう一方は一番罪が重くなります。しかし、どちらも自白すると罪は重くなります。会話ができない状況下なので、「自白」か、「黙秘」か、相手の選択はわかりません。

表　囚人のジレンマが起こる例

		犯人A	
		黙秘	自白
犯人B	黙秘	A：-200　B：-200	A：-100　B：-600
	自白	A：-600　B：-100	A：-500　B：-500

（単位：万円）

- Aが黙秘してBが黙秘した場合
  Aは罰金２００万円、Bは２００万円
- Aが黙秘してBが自白した場合
  Aは罰金６００万円、Bは１００万円
- Aが自白してBが黙秘した場合
  Aは罰金１００万円、Bは６００万円
- Aが自白してBが自白した場合
  Aは罰金５００万円、Bは５００万円

2人とも黙秘することが、最善の作戦なのは明らか。だけど、相手は裏切るかもしれない、という考えがよぎります。相手も同じように裏切っていたら2人とも一番重い罪になってしまう——「どうすればいいのか」。

このようにジレンマに陥るわけです。この状態を「囚人のジレンマ」といいます。

次に、気持ちや道徳心はひとまず置いておきましょう。犯人Aにとって、最適な選択は何かを考えてみます。

表のように黙秘することによって、罰金200万円か、600万円。しかし、自白すると罰金100万円か、500万円ですので、実は、犯人Aの最適解は「自白」することにありました。「犯人Bも同じように、最適解は自白することにあるのでは？」という疑問、その通りです。よって、犯人A、Bとも自白し、どちらも罰金500万円になります。このように、選択者が、最適解を選ぶことで落ち着く（＝均衡する）この状況を「ナッシュ均衡」といいます。


個々で駆け引きをし、自分にとって最適な選択をしたつもりが、どちらもより悪い結果になってしまった……という状況は、ビジネスの現場でもよく発生することだと思います。たとえば価格競争で、お互いが値下げをしあった結果、両社とも1商品あたりの利益率が大幅に下がり、儲けが少なくなってしまう、などは容易に想像できるはずです。

この数学理論は、人生のさまざまな現場で応用できるため、考えを深めるほど、モノゴトの決断に役立つことでしょう。

サクッとわかるゲーム理論②

人事、スポーツ、婚活……、ノーベル賞にも輝いた「組み合わせ理論」が使える！

▼ノーベル賞を受賞した組み合わせ理論

ゲーム理論といえば「経済学」「社会学」で使える、ビジネスで有効利用するなど、どちらかといえば戦略的なイメージですが、身近な生活に関連する理論があります。

たとえば、スポーツのチーム構成は、ディフェンスやオフェンスに向いている人とそのポジションの組み合わせが非常に重要になります。職場では、制作部門を志望する人と、営業部門に呼び込みたい人と思惑が錯綜《さくそう》します。婚活であっても、組み合わせの最適化は大切ですよね。それらのように、組み合わせが必要なとき、それぞれの希望や嗜好、パフォーマンスなどを考慮して、最適な組み合わせをする理論「マッチング理論」を紹介します。

マッチング理論は、カリフォルニア大学名誉教授ロイド・シャプレー（1923―2016）

図　婚活でマッチング

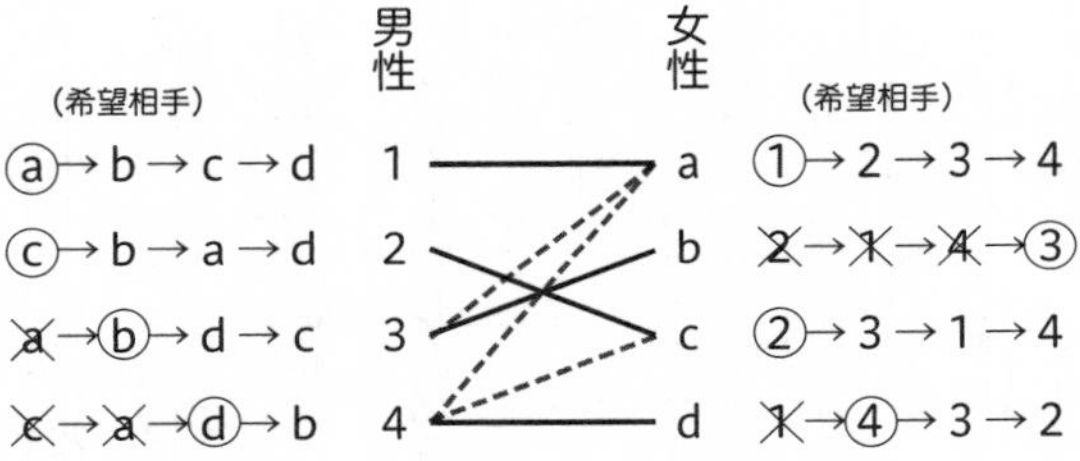

が基礎をつくり、ハーバード大学教授（現スタンフォード大学教授）アルビン・ロス（1951―）が理論を応用発展させ、両者が2012年にノーベル経済学賞に輝いた理論です。

▼婚活で紹介「マッチング理論」

例として、男性から告白する「男女4対4のマッチング婚活」で紹介します。まずは、この理論を簡単に言葉で説明します。「複数から告白されたら、もっとも気に入った1人とカップルになり、それ以外を拒否。断られた人は、2番目、3番目に選んだ人にしながらマッチングを繰り返し、組み合わせを決定。すると、全体的な満足度が一番高いマッチングができる」となります。

図のように、左が男性4人のカップル希望の順位、右は女性4人のカップル希望の順位になりました。男性側がそれぞれの第1希望の人に告白すると、女性aと女性cは2人から告白されますので第1希望同士の（男性1：女性a）（男性2：女性c）がマッチングします。

男性3は第1希望の女性が男性1とカップル成立したので、第2希望の女性bに告白。男性4は第1・第2希望の女性がカップルになってしまったので第3希望の女性dに告白。そして（男性3：女性b）（男性4：女性d）となり、見事4カップルが成立となりました。

なかには、第4希望になってしまった人もいますが、全体を俯瞰《ふかん》してみると、男女全員の満足度が高い組み合わせになりました。ちなみに、今回のような場合、女性側から第1希望の人に告白しても同じ結果になります。

双方の希望を聞きながら所属先を決めるときなどに便利な理論なので、上手に利用できれば職場のマッチングにも応用できると思います。

1000VS.200、圧倒的不利を逆転に導く奇跡の法則

▼戦争から考案された軍事戦略

「小さな地場企業が全国展開の大企業から地元シェア1位に輝いた」「徹底的な顧客対応で、大手企業の大口顧客を狙い撃ち。急成長した中小企業」など、ビジネスの現場で、規模の小さい会社が勝つ話はとても興味を引きます。人材や資産などのパワーを超えた戦略やドラマがあったのではないか、そう考えさせられます。そこで今回は数学で「戦略」の部分に焦点を当て、紹介します。

圧倒的に強いとされる大企業を「強者」、その他の企業を「弱者」にたとえ、戦略次第で「弱者が強者に勝てる」という数学的な考え方が多く含まれているビジネス理論があります。ビジネ

ス書でもよくとり上げられている「ランチェスター戦略」です。

ランチェスター戦略とは、第一次世界大戦時代の1914年にイギリス人エンジニアのF・W・ランチェスターが軍事戦略をもとに考案。「同じ武器なら兵の数が勝敗を握る」という前提で「強者が圧倒的に勝利する戦略」「弱者が強者に逆転勝利する戦略」があります。元々は戦争をテーマにした理論でしたが、ビジネスに応用されるため、現代でも経営者やマーケターなどに広く知られるようになりました。このランチェスター戦略をなるべく簡略化して解説します。

▼兵力差は、ただの引き算ではない？

ランチェスター戦略には「一次法則」と「二次法則」があります。A国とB国の兵力や武器は同じものとします。

一次法則は、一騎打ちの場合です。武器や兵力が同じなため、相打ちになります。勝敗は人数差で決まります。たとえば、【A国50人 対 B国70人】だと、単純にB国が20人の兵力を残して勝ちます。単純明快ですが、総当たり戦ではなく、一人ひとりが順々に戦闘していくなど、どうも実際とはかけ離れているように思えます。

さて、二次法則です。戦闘は集団戦になります。総当たり戦のため、兵力差は致命的になります。戦況もダメージもかなり違ってきます。

二次法則のダメージ差を、わかりやすく少人数で紹介します。

【A国2人 対 B国5人】で対戦した場合（武器や兵力は同じ）、B国が勝つのは目に見えています。なにより、ダメージ差が違いました。

1人が与えるダメージを同じ「1」として、A国とB国のダメージの比率を計算します（計算）。

A国は、兵力差が2.5倍のB国に対してどれだ

計算

A国は2人で5人分、つまり合計でのダメージを受けるため、1人あたりの受けたダメージは、$\frac{5}{2}$のダメージ(＝5÷2)。

B国は5人で2人分のダメージを受けているため、$\frac{2}{5}$のダメージ(＝2÷5)。

A国は、B国に比べてどのくらいダメージを受けているのでしょうか。

$$\frac{5}{2} \div \frac{2}{5} = \frac{25}{4}$$

結果、A国はB国より$\frac{25}{4}$ダメージを受けていることになります。

ダメージ比率は[A国：B国＝ 25ダメージ：4ダメージ]。

けのダメージを負ったかというと、なんと6・25倍です。

これが、【A国20人 対 B国50人】と、兵力を10倍にした場合、6・25倍のダメージ比率があるので、圧倒的な差が生まれてしまいます。さらに、【A国2人 対 B国10人】というさらに差がある状況では、25倍のダメージ比率があります。勝敗は戦う前から見えていますが、深刻なダメージを負うことになるでしょう。

さて、【A国2人 対 B国5人】のとき、もし、これが一次法則で一騎打ち形式だったら、単純に3人差という結果になります。しかし、二次法則では強者が弱者に大きなダメージを与えながら圧倒的に勝利することがわかります。仮に「2」以上ダメージを受けたら戦闘不能になるとしたら、A国は全滅で、B国は軽傷者はいますが、戦闘不能の人は0人、と捉えることも可能です。

「戦力をもった側が圧倒的に勝利するのだったら、弱者に戦略はないのか」と思えます。戦争モデルで話を進めましたが、今度は、身近なビジネスにそって解説します。

▼ビジネスでの戦略とは？

ランチェスター戦力をみてきたように、戦う前の戦力は高いに越したことはありません。しかし、弱者にも戦略があります。

競合する菓子製造販売メーカーC社とD社があります。C社は、地域では知られる中堅の菓子メーカー。D社は、全国展開をする名の知れた大手です。

それぞれ洋菓子部門、焼き菓子部門、和菓子部門、3部門があり、次のように社内の人員を配置しています。

【C社】２００人（洋菓子部門１００人・焼き菓子部門50人・和菓子部門・50人）

【D社】1000人（洋菓子部門500人・焼き菓子部門400人・和菓子部門100人）

200人と1000人という圧倒的人数差があり、実質的な売り上げや資金面など、何倍もの差を感じるはずです。勝つための戦略というよりも、生き残りをかけて起死回生を図る作戦が必要です。

シンプルに考えるために「人数＝会社の能力」としたとき、C社が弱者でD社が強者の立ち位置になり、D社は3部門とも有利です。普通にやっているとC社は人数差・リソース差で圧倒的に負けてしまいますが、どのような戦略をとればよいでしょう？

〈C社（弱者）が生き残るための戦略例〉
①D社の販売していない地域を狙い撃ち、相手の手薄な部分を攻めていく
②部門をさらに細分化し、D社が得意としていない領域に注力していく
③すべての人員を和菓子部門に投入し、一点集中で和菓子シェアをとりにいく

まず、①D社にないニッチな地域を攻めることで、争わずにその地域ではシェアを広げられます。また、②のように、相手の不得意分野を見つけ出し、こちらが有利な状況をつくり出すと、少ない戦力でも強者でいられます。③C社が、他の部門の人員を和菓子部門に転向させ、D社100人を上回る人員で勝利します。

▼ランチェスター戦略がビジネスで活かせるワケ

さらに、C社がD社に勝ち続ければ、徐々に拡大させ、最終的にD社に勝ち越すことができる、というわけです。このように強者のすきを突いて勝ちにいく方法などを「弱者の法則」といいます。

ランチェスターの一次法則と二次法則を理解していれば、そのときどきで「どの程度リソースを投下すればいいか」「シェア獲得スピードがどの程度の速度になるか」などの見通しが立てやすくなるのです。

強者と弱者を見極め、自らの立ち位置に見合った戦略をとることが、戦いを有利に進めるカギになります。数学的な「ランチェスター戦略」を活用することで、業界や市場での優位性に劣る弱者が強者に勝つことも、逆に強者が弱者を押さえ込むことも可能です。

少数精鋭でも大きな社会インパクトを残している企業がいるのは、まさにこの法則が表している実例ともいえるでしょう。

「!」この瞬間に、世界中でくしゃみをした人数がわかる?

▼日常の不思議なことを概算できる?

小学校で習う算数は、目に見えるものや答えがはっきりわかるものを計算したと思います。コツさえつかめば、目に見えないモノも計算できます。たとえば、今、まさにこの瞬間、世界中でくしゃみをした人数を計算しましょう。

「そんなのわかるわけない」と思いませんか。でも、それを概算で予想して導き出していく数学的手法があるのです。くしゃみはあくまで例ですが、これを理解すると世界の市場を概算できるようになります。

このように、一見予想もつかないような答えや数字を、論理的にひも解きながら概算していく手法を「フェルミ推定」といいます。確実な数ではないけど、推測して遠からずな答えを出していくため、コンサルティングやマーケティングにもよく活用される手法です。

では、この瞬間に世界中でくしゃみをした人数を計算してみましょう。

▼くしゃみした人をザックリ計算

まず、人は1日に何回くしゃみをするかを推定していきます。しない人はまったくしないですし、する人はかなりしますから、ザックリ平均して1日で2〜5回ぐらいかと推定します。

ここでは2回としましょう。次に、くしゃみは1回あたりどのくらいかかるかを推定します。「ヘックション！」……0.5秒くらい。

くしゃみ2回で1秒。よって、人は1日に1秒くしゃみをしているという計算になります。

24時間（＝8万6400秒）のうち、くしゃみの1秒は、8万6400秒分の1秒。世界の人口は約78億人。世界中で1秒あたりにくしゃみする人を計算して求めましょう（計算1）。

計算1
1 ÷ 86400 × 7800000000
= 90277.777…

つまり、今この瞬間にくしゃみをしている人が地球上で約9万人いるという推測ができたのです。余談ですが、今のご時世で約9万人が1か所に集まってくしゃみしたら、飛沫《ひまつ》でそれはもう大変なことになりそうですね。

▼ユーチューブの視聴時間を概算推測！

フェルミ推定は、答えにたどり着くまでの数字の精度を上げるか、どのように式を構成するかがポイントになります。そのときどきの流行や方向性、世の中の移り変わりを観察し、数字や概算を読み解く力も大切だと思います。

ではもうひとつ、推定の複雑さを上げて考えましょう。日本の15〜80歳で、1日のユーチューブ

図　1日あたりの平均のユーチューブ視聴時間

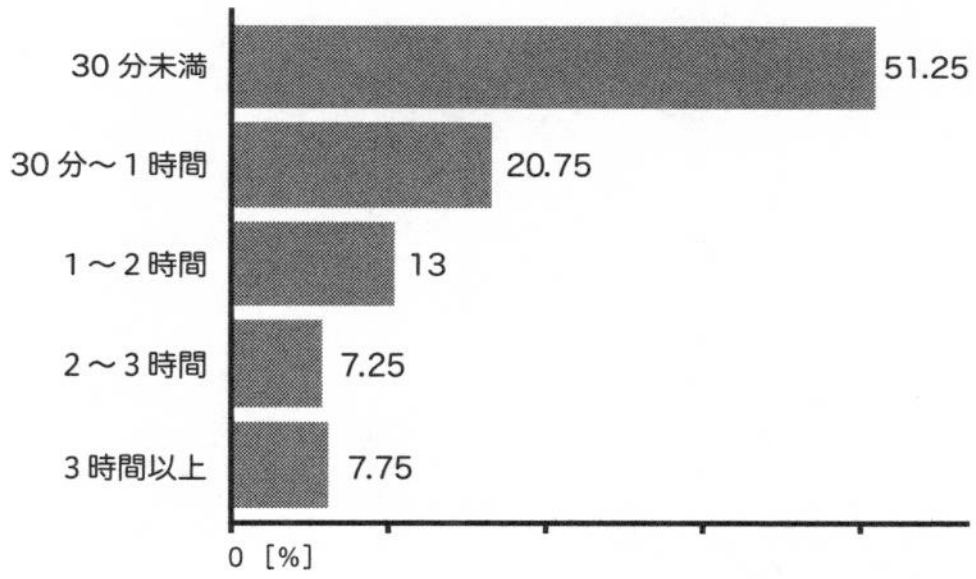

計算2
98470000 × 0.658 = 64793260
（約6500万人）

計算3
65000000 ×(0.51 × 0.25 + 0.2 × 0.75 + 0.13 × 1.5 + 0.07 × 2.5 + 0.08 × 3.5)
≒ 60287500（時間）
（約6000万時間）

の総再生時間はいくつになるでしょうか？

まず、ユーチューブの視聴人数を割り出します。

15～80歳の人口は９８４７万人（２０２１年8月総務省統計局）で、ユーチューブの認知率は96・９％、利用率65・８％（対象：15歳～79歳の８８３７名、ＮＴＴドコモモバイル社会研究所調べ、２０２１年6月）です。計算しましょう（計算2）。

ユーチューブを見る人は、約６５００万人いることがわかりました。

次に、ユーチューブを見る人の視聴時間を分けていきます（対象：20歳～59歳の４００名、ストラテ調べ、２０２１年4月・図）。

2つの調査結果の調査年齢が少し異なることや、利用時間のアンケートのとり方が正確な時間が読み取れないため、ザックリとした計算になります。30分未満の人の平均を15分、30分～1時間の人の平均を45分などとし、15歳から79歳までの人口が約1億人、そのなかの利用者が約６５００万人として計算します（計算3）。

この結果、日本での1日のユーチューブの総再生時間は約6000万時間と推定されます。

このようにフェルミ推定を応用することで、「日本でのユーチューブの再生時間が長いから、ユーチューブ市場に乗り出そうか」などと、予測や方針を考える一端になります。

フェルミ推定によって、他にも「新商品はどれくらい売り上げが見込めるか」「発売時期はいつ頃がベストか」が計算できるため、概算予測が立てやすくなり、ビジネス戦略やマーケティングに大いに役立ちます。

また、答えが出たとき「新しい説を見つけてしまった」という快感めいたものも感じますので、ぜひ試してみてください。

映画監督、世界のキタノが使った、因数分解的思考法がすごい！

▼名作映画を生み出す因数分解的思考法とは？

お笑い界の重鎮ビートたけしさんが「数学好き」ということをご存じでしょうか。以前、「たけしのコマ大数学科」という数学のテレビ番組（２００６―１３）をやっていましたが、僕も楽しく見ていました。そんなたけしさんが、監督・北野武としてインタビューで話していた「映画の撮影と数学は非常に近い面を持っている。因数分解的な考えができないと、いい映画はつくれない」という言葉が今でも印象に残っています。映画の撮影で因数分解とは？　と思いましたが、理由を聞いてその知見の深さに「さすが世界のキタノ、カッコいい！」と思わず唸ってしまいました。

たとえば、主人公が複数の敵と戦うシーンを撮影する場合、2パターンあります。

●パターン①　▼敵Aと戦って敵Aが死ぬ。敵Bと戦ってBが死ぬ。敵Cと戦ってCが死ぬ。

●パターン②　▼敵Aと戦って敵Aが死ぬ。Bが死ぬ。Cが死ぬ。

どちらのほうが頭に入ってきやすいでしょうか。

実は、パターン①では、同じシーンを何回も見せられるため、まどろっこしい流れになってしまいます。それより、パターン②のように、敵Aと戦った後に敵AやB、Cが倒れているほうがより端的です。

それは、敵B、敵Cと戦うシーンがなくても、視聴者は戦って勝ったシーンを思い描きやすいのです。観なくても想像できる部分をあえて省略することで、ストーリーがより浮き彫りになる感じなのでしょう。

式

主人公が敵 A と戦って、敵 A が死ぬ
+主人公が敵 B と戦って敵 B が死ぬ
+主人公が敵 C と戦って敵 C が死ぬ
=主人公と戦って敵が死ぬ $(A + B + C)$

パターン②のような映画の撮影を因数分解的思考ということになります。パターン①を「主人公と戦って死ぬ」という共通項を因数分解的にくくって、パターン②にすると式のようになります。

さらに応用して考えると、敵Aとの死闘の末に勝利した場合、敵B、敵Cとの戦いでも苦戦したのだろう、と想像されます。逆に、圧倒的強さで敵Aを倒した場合、敵B、敵Cも一瞬で倒したのだろう、という想像ができるわけです。

確かに映画やドラマは、なんでも説明的に見せるより、想像力をかきたてられるほうが面白いですよね。ラストシーンにも含みを持たせて「その後どうなったのか……」と考えさせる映画はより強く印象に残ります。

▼因数分解的思考法はビジネスにも応用できる

ビジネスにおいても「想像させる余地をつくる」という戦略は応用できます。

たとえば、短時間のプレゼンテーションで3つの企画を提案する場合、企画1のプレゼンでは事例や結果を丁寧に伝え、企画2・企画3は、企画1のプレゼンをふまえて、違いと結果のみを簡潔に伝える。つまり、企画1~3の共通項目を因数分解的に理解してもらうことで、効率よく説明ができるわけです。

また、講演会やセミナーなどで参加者に向けて、とっておきの武勇伝を丁寧に話して興味を持たせ、「他にもありますが、時間がないので次の機会に……」という具合に因数分解的に伝えれば「たくさんの武勇伝を持つ人」という、経験豊富なフリもできるわけです。

「無駄を省き、想像力をかきたて、興味を持たせる」という因数分解的なワザをさまざまな場面で活用してみてください。

360年の間に数学者がつなげた証明のバトン

数学にハマるうえで欠かせない話が「数学の歴史」です。問題が解けるようになる、公式の意味を理解する、日常と数学の繋がりを知る、など、数学の魅力はたくさんありますが、それらの数学がどのように発展してきたかを知る事で数学の魅力を体感することができます。

本のタイトルにもなっている『フェルマーの最終定理』は、その数学の歴史を知る事ができる1つの題材になります。

書籍のタイトルにもなっている、「フェルマーの最終定理」とは、360年も証明されることがなかった伝説の定理です。この定理を証明するために、多くの数学者が人生を捧げてきました。少しずつ証明に必要な素材を、数学者たちはつくり上げていったのです。そしてついに1995年、アンドリュー・ワイルズが数学者の戦いに終止符を打ちます。

この本の最大の魅力は、この360年の歴史を振り返るだけでありません「フェルマーの最終定理」が予想されるはるか昔、2000年以上前のピタゴラスの時代にまでさかのぼります。

数学者がつなげた命のバトン。この1冊でよりディープに理解できると思います。

『フェルマーの最終定理』
2006年5月30日刊
サイモン・シン・著
青木薫・訳
新潮社

4章

思わず超試したくなる数学

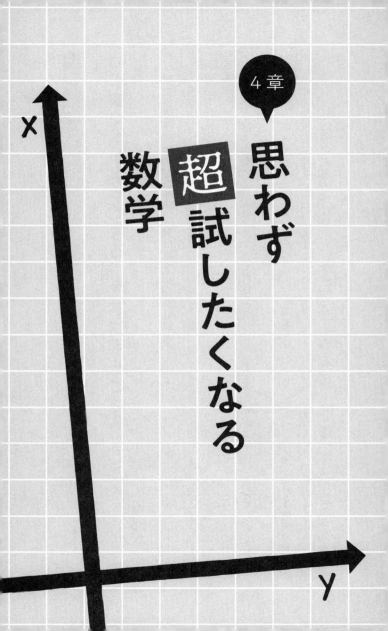

いますぐ絵が上手くなる、数学的手法とは？

▼マンガ家は数学が得意で、立体感覚に優れている？

絵を描くのは得意ですか？　絵が上手な人と下手な人の違いのひとつとして「立体的な絵が描けるかどうか」があげられます。絵が苦手な人は、立体描写が上手くできなくて平面的な絵を描きがちです。イラストレーターやマンガ家、背景や人物の立体描写が得意な人ならほぼ確実に使っている数学的な技法があります。本項目を読むと、絵を描くのが上手になるかもしれません。

絵が上手い人は、「消失点」という手法を意識しています。消失点とは、遠近法や透視図法などで描かれる平行な直線群が集まる点のことです。近くのものは大きく、遠くのものは小さく、という見え方を表現するために大切な点になります。この消失点を頼りに描くことで、より現実

図1　消失点がある絵とない絵

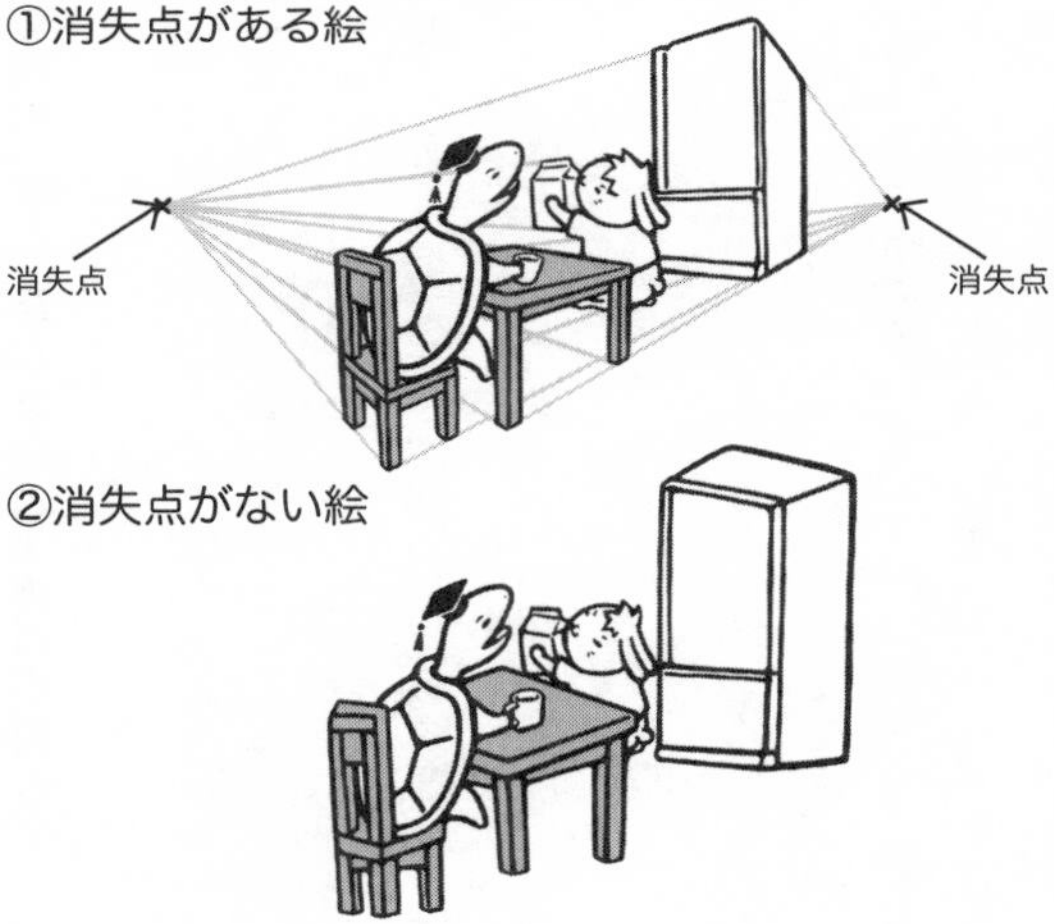

的で立体的な絵を描くことができます。

図1を見てください。どちらも高さ、広さ、奥行きをつけて描かれていますが、「①消失点がある絵」のほうが、よりリアルな描写に見えると思います。一方、「②消失点がない絵」では、「なんだか歪んで見える……」と思います。あえて、この描き方をすることで味を出せますが、このような絵には消失点や比率を考えずに描いているのかもしれません。

他にも、絵を描くうえで「なんだか歪んで見える……」をなくし、「リアルに見える」に必要なことを紹介します。

▼大きさの比を計算しないと世界観が歪む？

「ドラえもん」では、大柄なジャイアンと普通程度の身長ののび太、低めのスネ夫が登場します。ある場面でジャイアンが小さく、ある場面でスネ夫が家の塀より大きいとなると、リアルな描写にならないため、なかなかストーリーに入っていけません。

そのため、絵を描くときは、大きさの比をしっかり描く必要があります。たとえば、地球と月を描くときも重要です。地球の半径は６３７１㎞、月の半径は１７３７・４㎞なので、およそ４：１のサイズ比です（図２）。月が地球よりも奥にあるなら、この比よりも月が大きく描かれることはありえません。

絵をリアルに描こうと思うと、数学的な考え方が必要になります。そのように考えると、数学と絵を描くのは似ているのかもしれません。絵を描くときは「どの角度や視点で描けばいいか」「境界線や世界線はズレていないか」など数学的視点を用いて、空間から物体を捉えて絵を描きますから。絵が得意な人たちは、より上手く描こうとすればするほど数学的な思考が鍛えられ、自然に立体感や奥行きを上手に描くワザを習得していくのかもしれません。

図２　地球と月の比を計算して描く

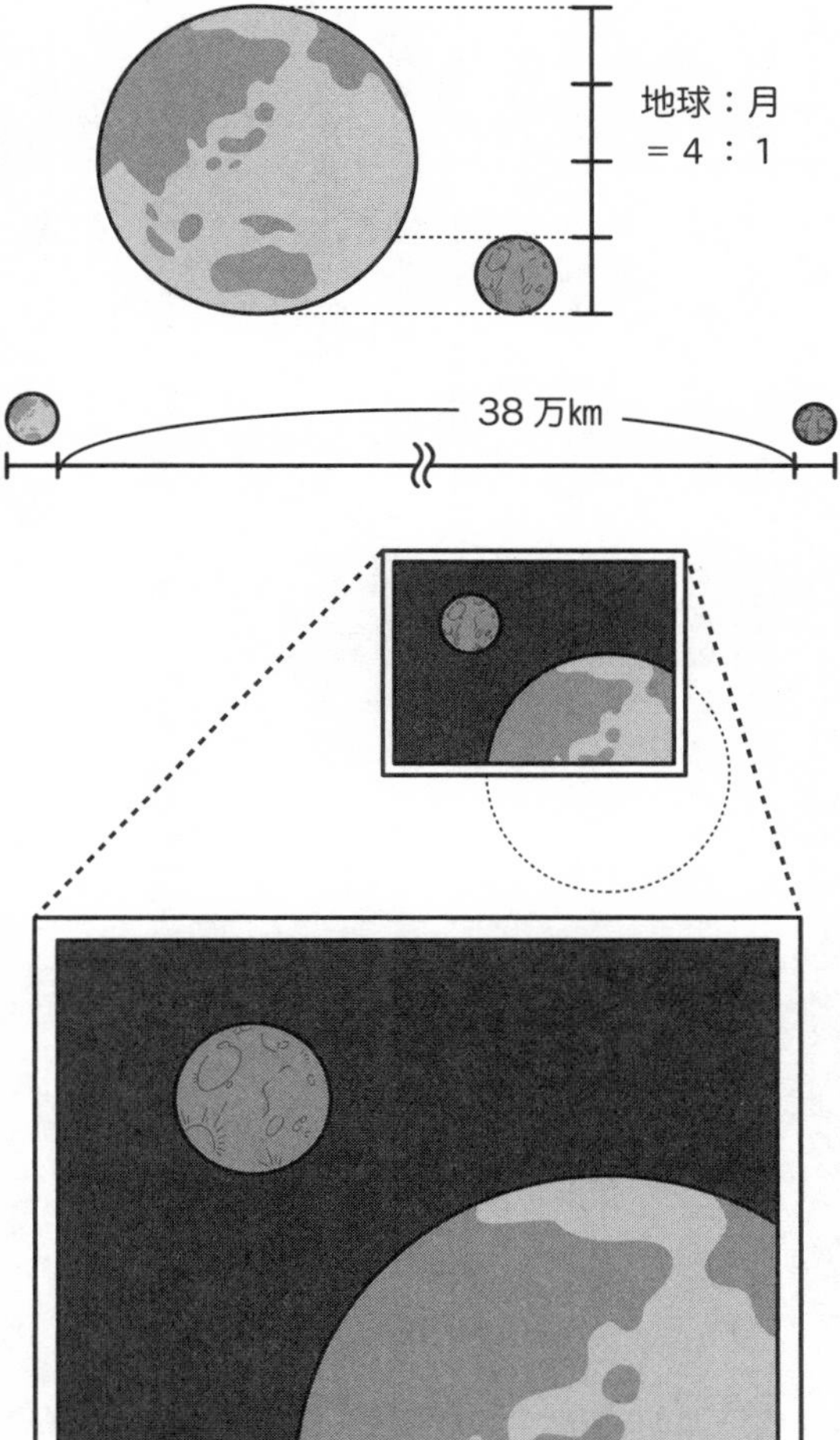

『鬼滅の刃』の文様図形を一瞬で描ける方法

▼着物に隠れた数学的な模様

いわずと知れたメガヒットマンガ『鬼滅の刃』。コミックシリーズは電子書籍版を含めて累計発行部数1億5000万部を突破、劇場版「『鬼滅の刃』無限列車編」では公開9週目にして興行収入302億円を突破したという人気を誇るマンガです。そんな人気作品では、ストーリーだけでなく登場人物の着物が話題になりました。

『鬼滅の刃』に登場するキャラクターの着物の多くが日本古来の和柄をモチーフに使われています。主人公の竈門炭治郎《かまどたんじろう》の和柄は緑と黒の「市松模様《いちまつもよう》」です（図1）。これは単純な2色の正四角形を交互に配置したチェックとしてよく知られる柄ですね。その炭治郎の妹・禰豆子《ねずこ》は、日本

図1　市松模様

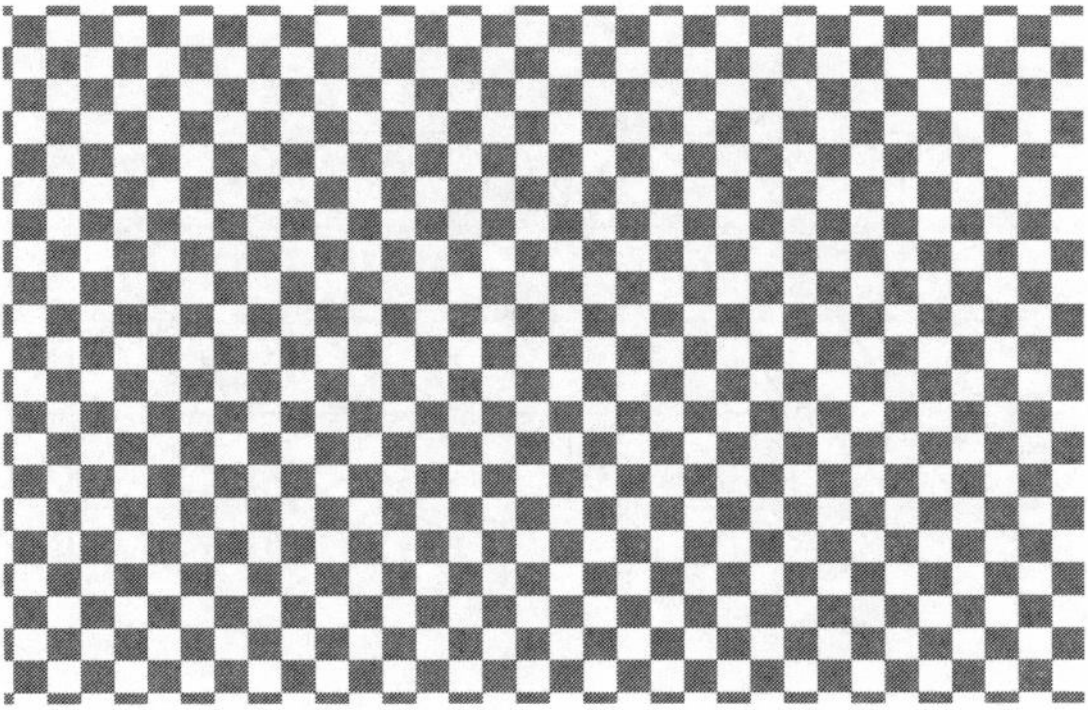

の伝統的な図柄「麻の葉紋様」の着物です。余談ですが麻の葉紋様は、浮世絵に描かれる女性の着物にも登場し、昔から人気だったことがうかがえる和柄です。「麻」は生命力が強いため、健康祈願や魔除けのお守りとして子どもの着物や肌着に麻の葉紋様がよく用いられていたそうです。

さて、この麻の葉紋様、一見とても複雑な柄に見えますが、分解してみると実は簡単な図形の組み合わせでできていることがわかります。

まず、①正三角形を描きます。次に、②その重心に向かってそれぞれ3つの頂点から線を引きます。それを繰り返して並べた柄が麻の葉紋様になります（図2）。あるいは、正六角形を描き、その中を6つ

図２　麻の葉紋様の描き方　その１

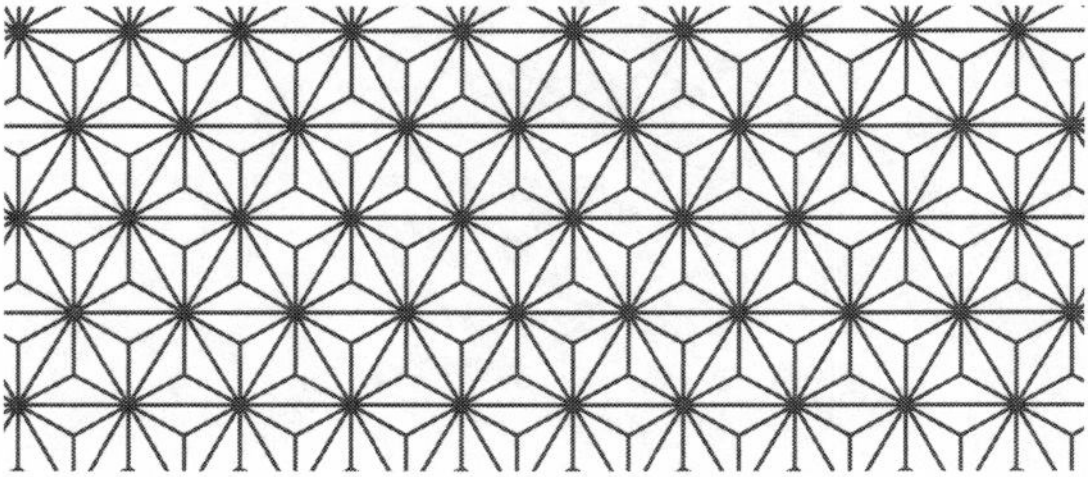

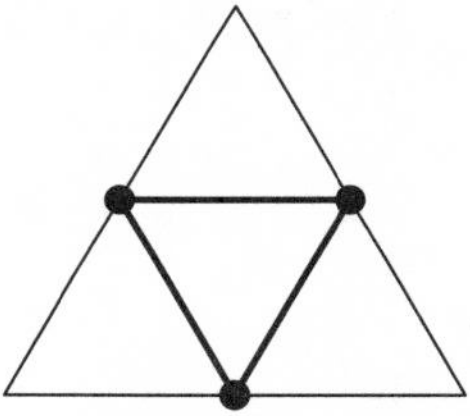

①正三角形を描き、その中に正三角形を描きます。

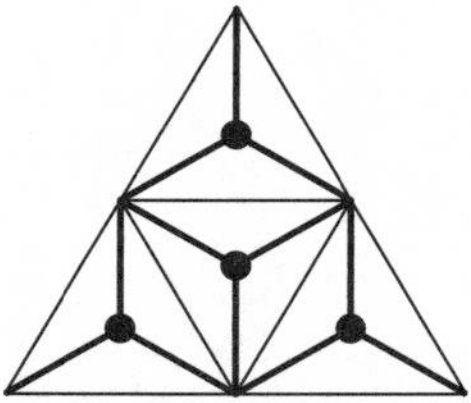

②４つの正三角形の、それぞれ頂点から重心に線を引く。

図３　麻の葉紋様の描き方　その２

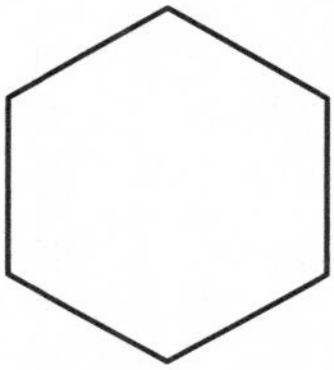

①正六角形を描きます。

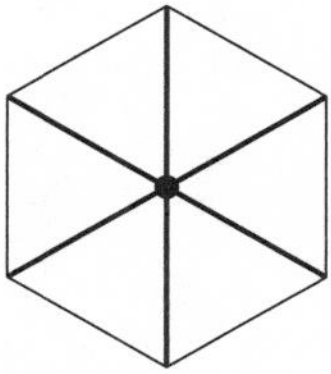

②正六角形の中心に線を引きます。

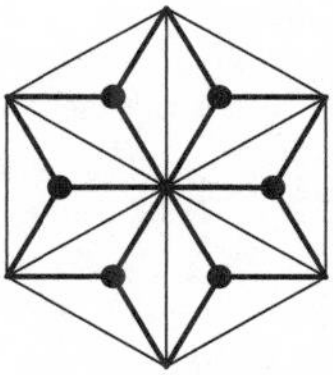

③６つの正三角形の、それぞれ頂点から
重心に線を引く。

の正三角形に分けます。それぞれの三角形の重心に向かって３つの頂点から線を引くパターンもできますね（図３）。

▼一見、複雑そうだけど意外とシンプルな千鳥格子

次に、和柄ではないですがファッションでも有名な「千鳥格子（ハウンドトゥース）」で考えてみます。見れば見るほど面白い柄で、お手本を見ずに描いてと言われたら、悩む人も多いと思います。

複雑に見える千鳥格子ですが、分解してみると同じ平行四辺形を４つ重ねて繰り返した図柄だったのです（図４）。麻の葉紋様と同様、こちらも意外なほど簡単な図柄でした。

麻の葉紋様や千鳥格子のように複雑で難しく見える柄でも、分解して図形の最小単位で見ていくと、正三角形や平行四辺形などの簡単な形が現れることが多いのです。そういった視点で見てみると面白いですよね。

また、形だけでなく角度から見てみても、麻の葉紋様の三角形の角度は30度、30度、１２０度、

図４　千鳥格子は、平行四辺形でできていた

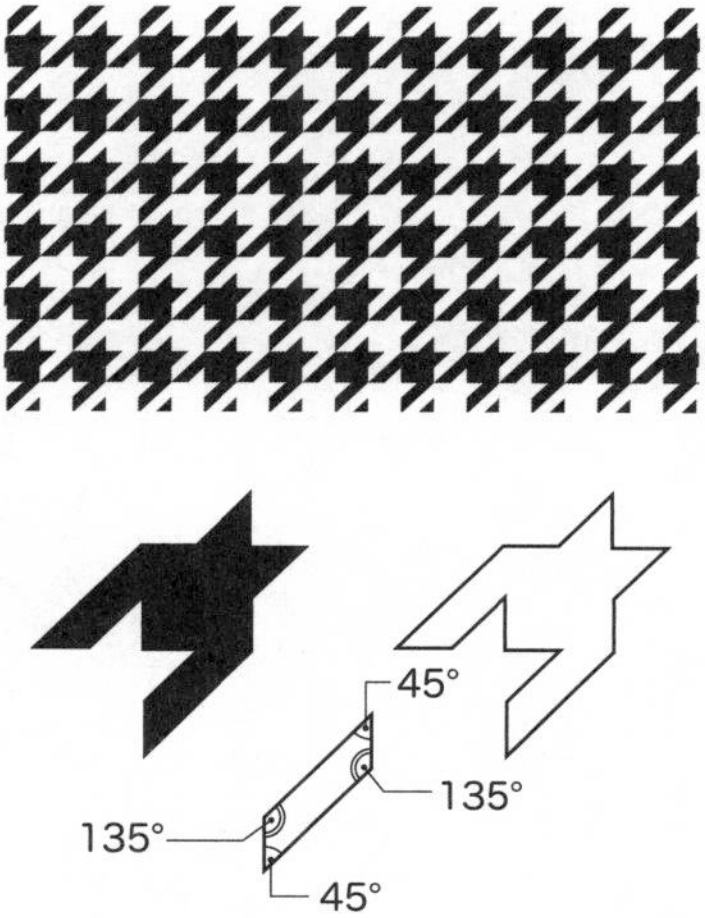

千鳥格子の平行四辺形も45度、１３５度とどちらも代表的な角度を使用していて複雑な角度が使われていないことがわかります。

▼美しいデザインの共通点

この結果を分析すると、図柄やロゴなどをつくるときは、複雑に考えるよりシンプルな形や角度を使うほうがよいものができるのかもしれません。

このように特定の図形で敷き詰めていくものを「テセレーション」といいます。テセレーションとは広義の意味で、図形（多角形）を用いてすき間も重なりもな

く敷き詰めることです。別称「敷き詰め模様」といい、美しさやデザイン性を競ったり、数学的な研究も行われています。

確かに、同じ図形を規則的に並べていくことやすき間なく埋め尽くされている様は、人間の本能的に爽快で気持ちいいと感じますよね。デザインと数学は切っても切り離せない深い関係があり「デザインの美しさを追求すると数学的になる」ということかもしれません。

日常を数学的に見直してみよう

「5分早く家を出る」と「早歩き」、効率いいのはどっち？

乗ろうとしていた電車やバスが目の前で行ってしまったとき、「ああ、なんでもっと早く家を出なかったんだろう」と思うものです。もしくは「ギリギリだとわかっていたのだから、走ればよかった」と、いずれにしても後悔してしまいます。

移動は、「5分早く出る」と「早歩き」どっちのほうが効率いいのか、僕の考察を紹介します。ちなみに、僕は「ふだんは走らない」と決めています。なぜなら、結果から先にいうことになりますが、「走っても、焦っても、変わらないから」です。

自宅から歩いて1600m先の会社に出勤していると仮定して計算しましょう。歩く速さは、人によって変わりますが、僕はだいたい1分で80m（80m／分）。つまり、会社まで、徒歩で20

計算

1.2 倍速の「早歩き」で、会社まで何分かかるか計算します。

　80×1.2 = 96（*m*/分）

1,600*m* 先の会社まで何分かかるでしょうか。

　1600÷96 = 16.66……

よって、早歩きでは約 17 分で会社に着きます。

1.4 倍速の「小走り」で、会社まで何分かかるか計算します。

　80×1.4 = 112（*m*/分）

　1600÷112 = 14.28

よって、小走りでは約 14 分で会社に着きます。

分かかることになりますね。

これを1.2倍速の「早歩き」と、1.4倍速の「小走り」に換算してみましょう（計算）。

普通に1600m歩くと20分で着きました。早歩きでは約17分で着き、小走りでは約14分です。1600mを小走りしたのに5分ほどしか変わらないわけです。

むしろ、目的地に着いた頃には息があがって、汗だく。呼吸が整うまでに5分以上かかってしまうかもしれません。それならばマイペースで歩いていくほうがいいな、と思うわけなのです。

つまり、小走りが必要なギリギリな時間になるその5分前に出たほうがいい、というわけです。

え？　できたらやってる？

1年の半分は、6月30日ではない？

▼例年、SNSで聞こえる「あるため息」

年越しのカウントダウンでは、各都市でお祭り模様です。カナダのオタワでは、国会議事堂がライトアップされ、打ち上げ花火が上がります。フランス、パリでは凱旋門にプロジェクションマッピングの演出があったり、アメリカ、ニューヨークでは毎年中継されるほどの活況があったりしました。世界中で、〝時間の移り変わり〟を実感する日です。

日本でも、時間の移り変わりは、SNSでよく見られます。12月になると、「もう1年も終わりか～」、3月には、「1年の4分の1が過ぎる……」、6月30日には、「1年もう半分だよ」、10月には「1年も残り4分の1しかない」と。とかく、時間

式　31 + 28 + 31 + 30 + 31 + 30 = 181

の過ぎることを憂えてしまうものでしょう。ＳＮＳでそんなため息がよく聞こえてきます。

そんな人のために、僕は「実は、6月30日は1年の半分ではありませんよ」と、ＳＮＳに投稿するようにしています。「1年の半分ではない？」どういうことか、説明していきます。

▼1年の半分と4分の1は、いつ？

1年は365日（うるう年ではないものとします）。単純に365日を2で割って半分を計算すると182・5日になります。

つまり183日目の12時がちょうど1年の半分の境目にあたります。1年の半分の境目は、何月何日にあたるでしょうか。

計算

1年を365日とします。

365÷4＝91.25

0.25は、1日（24時間）の4分の1なので、6時間。

1年の4分の1は、91日と6時間になります。

1月（31日）、2月（28日）、3月（31日）を足し合わせましょう。

31＋28＋31＝90

つまり、1日プラスした4月1日午前6時が1年の4分の1です。

1月から6月末までの日数を足してみます。1月は31日、2月は28日、3月は31日、4月は30日、5月は31日、6月は30日なので、すべて足し合わせましょう（式）。

6月30日が終わった時点で181日です。1年の半分、183・5日まで2.5日。つまり、7月2日の12時が1年の折り返しになるわけです。うるう年の場合は1年366日なので半分は183日。7月1日から7月2日の変わり目がちょうど1年の半分になりますね。

だから6月30日を過ぎても「ああ、もう1年の半分が過ぎちゃった」と落ち込まないでください。あと2日ほどありますからね！

同様に、3月31日は、1年の4分の1ではありません。計算してみましょう（計算）。

1年の4分の1は、4月1日午前6時です。SNSでは、1年の4分の1、ということよりエイプリルフールで盛り上がります。「1年の4分の1は～」と教えても、おそらく、流されてしまうことでしょう。

〇〇日後は何曜日か、暗算でわかる

「未来の今日は何曜日?」が、これで一瞬でいえる!

２０２１年10月15日の金曜日。今日は、人生で一番大事な日。高級レストランで食事して、婚約指輪を渡して言う「僕と結婚してください」。恋人は「私と、来年も、再来年も、このずっと先もあなたと一緒にいたい」と指輪を受け取り、左の薬指にはめた。

感動に包まれるなか、その様子をたまたま見ていた粋なオーナーが「来年の結婚記念日にいらした際、無料にして歓迎致します」と。２人とも照れながら「ぜひ!」というが、同時に「来年は、何曜日に来られるかな?」と思う。

——来年の今日は、何曜日でしょうか?

実はちょっとした計算でわかる方法をご紹介します。

365日を1週間の7日で割ると、52余り1。7日で1週間変わり、余り1なので、曜日は1日後にずれる計算になります。つまり、52週間と1日後に、2022年10月15日がやってくることになります。曜日は土曜日になります。

「うるう年以外は、来年の今日は曜日が1日後にずれる」、これを覚えておくと、なにかと便利です。

冒頭の場合では来年の記念日は土曜日で休日だとわかりますね。再来年は日曜日なので、また行けるかもしれません。

もうひとつ、イベント日などの曜日も簡単にわかる方法もあります。

今日が2021年10月15日の金曜日、今年の12月24日クリスマスイブが何曜日か割り出してみましょう。

10月の31日、11月の30日、12月24日、それぞれの日付を足して日付トータルを出します。つまり、10月から12月24日までは、85日となります。その後に、15日を引きましょう(式)。

式 31 + 30 + 24 − 15 = 70

10月15日から12月24日は70日後だとわかりました。これを1週間の7で割ります。10になりますね。

ちょうど10週間後が12月24日、クリスマスイブは10月15日と同じ「金曜日」という答えになります。

カレンダーをイメージして曜日を考えると大変なので、曜日が7周期で変わることを利用すると楽に計算できます。つまり、今日から何日後かわかれば、割る7をして曜日を割り出せるわけです。

スマホのカレンダーを見るより早く、来年の今日が、サクッと出る、イベントの曜日が出る——、スマートにできるとかっこいいかもしれません。

三平方の定理で距離がわかる

「打ち上げ花火」、下から見るか、横から見るか……、それとも？

▼打ち上げ花火、距離はどのくらい？

ヒュー、ド〜ン!! 夏の風物詩の打ち上げ花火。とてもきれいですよね。日本の打ち上げ花火は豪快なのに繊細。海外でも高い評価を受けています。僕もコロナ禍前では、毎年、諏訪湖の花火大会に行っていたほど大好きです。

ただ、「きれいだな」よりも先に、(「光ってから2秒くらいで音がなった」「どれくらい距離があるか」「つまり、頭の角度は○○度くらいか」……)などと考えてしまいます。いっしょに見に行った人に、「あれは、だいたい1.4㎞くらい先だね」といって驚かせています。

花火は、打ち上がってピカッと光ったのが見えて何秒後に音が聞こえたかでだいたいの距離を

図１　花火の号数と、サイズ・到達高さ

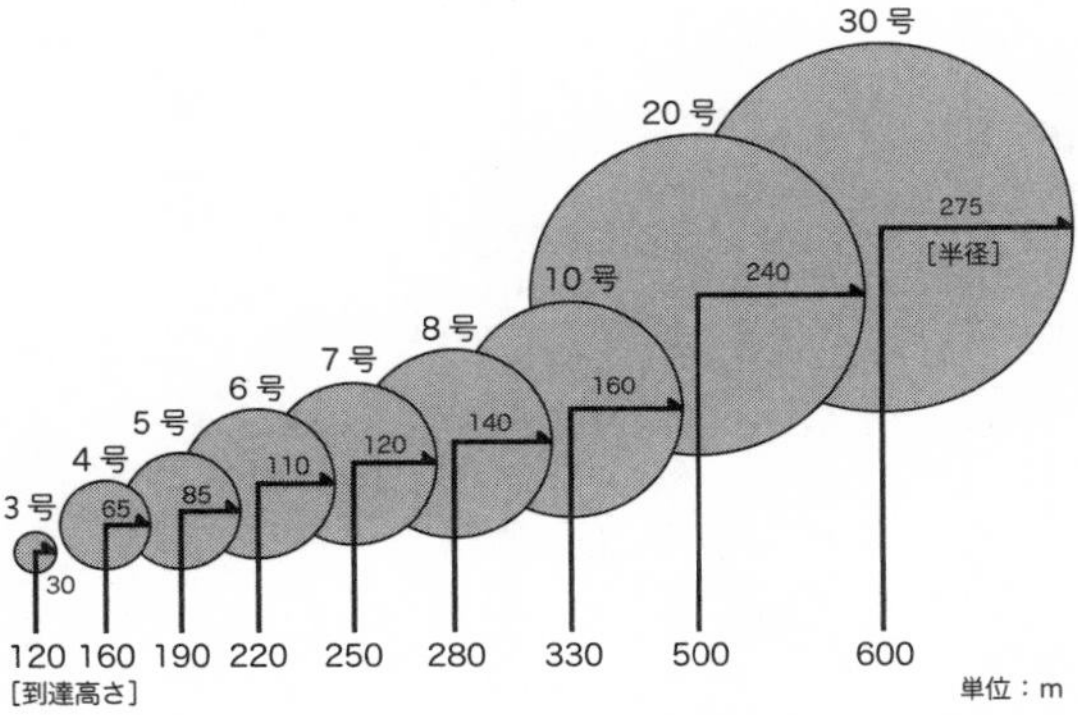

推測できます。光はほぼ瞬間的に伝わりますが、音はそれより遅い。さらに、花火は打ち上がる高さも決まっているため、見ている位置から花火までの距離を求めることができるのです。

では、尺玉（10寸玉）といわれる10号玉を例にあげて考えてみます。10号玉花火が打ち上がる到達点の目安は約３３０ｍ（図１）。次に音の伝わる速さは、秒速３４０ｍといわれていますが、気温が高いとスピードが上がるので、花火シーズンの夏は秒速３５０ｍと仮定します。

▼打ち上げ花火の位置を計算してみよう

花火がピカッと光ったのが見えて、２秒後に音が聞こえました。このとき、どのくらい離れた位置で見ているのでしょうか。秒速350mですので、2秒だと直線距離にして、700m。つまり、花火から直線距離で約700m離れているということになります（計算1）。

ただし、700mは、花火が開いた上空からの直線距離であって、発射地点からの距離ではありません。発射地点からの距離を求めてみましょう。

花火は10号玉なので、花火が開いた高さが330mだとわかります。打ち上げ地点からの直線距離は、700mでしたね。図にしてみましょう(図2)。三角形の形をしていますね。解き方、ひらめくでしょうか……。そうです、「三平方の定理」（詳細48ページ）を用いて計算しましょう（計算2）。

花火の打ち上げ地点からの距離は約617mだとわかりました。さらに、このときの花火を見上げているときの頭の角度を求めてみましょう。ここ

計算 1

距離を求めるには、公式を思い出しましょう。
【道のり＝速さ×時間】です。（s ＝秒）
2（s）×350（m/s）＝700（m）

図２　花火との距離は三角形ができる

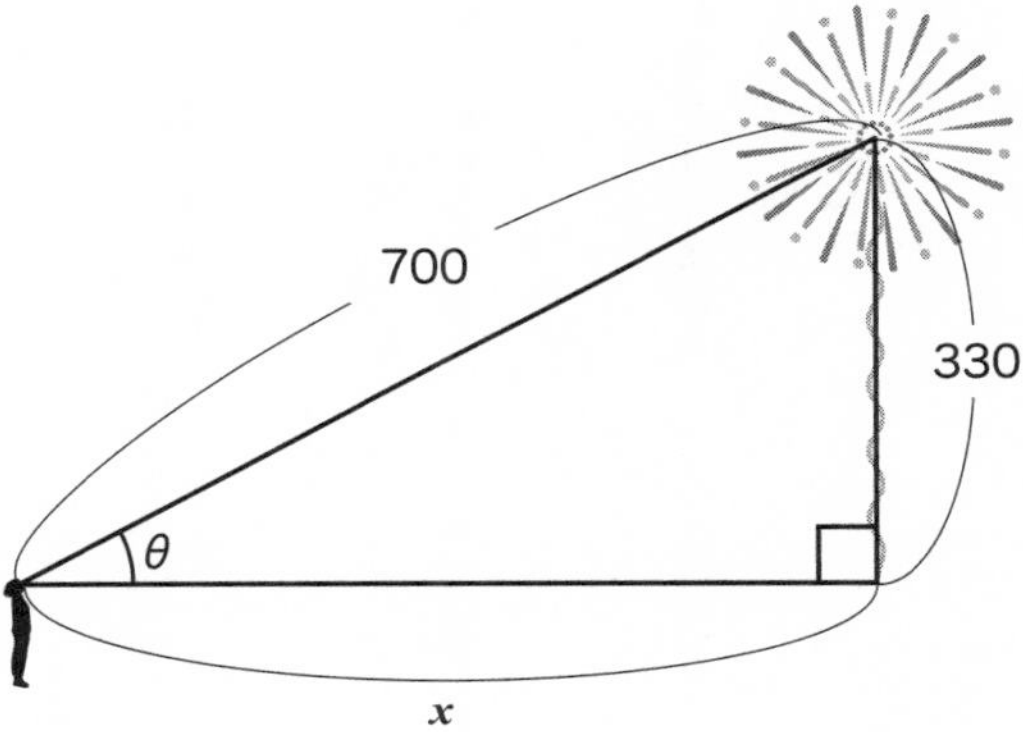

計算 2

図２のように直角三角形になるので、三平方の定理を使えます。

斜辺は、花火が開いた地点からの直線距離（700 m）、高さは、花火が開いた地面からの高さ（330 m）で、地面と平行の距離（x m）を求めます。

$$700^2 = 330^2 + x^2$$
$$x^2 = 490000 - 108900$$
$$x = \sqrt{381100}$$
$$= 617.37 \text{（約 } 617m\text{）}$$

では「三角比」（詳細51ページ）を使いましょう（計算3）。

高校生で習った三角比が、こんなところで出てくることに驚かれたかもしれません。さて、答えは28度と出ました。

まとめましょう。「花火の号数に応じて高さ」がわかり、花火が光ってから経った時間がわかると、「花火からの直線の距離」と「花火までの水平の距離」がわかるので「見上げている角度」まで計算できる、というわけですね。

▼1秒後に音が聞こえたら、どこにいる？

次は、打ち上げ地点に近づいてみましょう。同じ10号玉の花火が開いて1秒後に音が聞こえた場合、同じようにして、それぞれ計算して求めてみます（計算4）。

計算3

直角三角形の斜辺と底辺の長さがわかっています。
三角比を使って、角度を求めましょう。

$$\cos\theta = 617 \div 700$$
$$= 0.8814\cdots\cdots$$

角度θは、約28°となります。

計算できたでしょうか。そうです。花火の打ち上げ地点からの距離は約１１７ｍとなり、めちゃくちゃ近くなりました。見上げる角度は70度ですので、ほぼ真下に等しい場所です。

ちなみに、たとえ花火の打ち上げ地点まで行っても、見えてから１秒はズレて音が聞こえるのです。もし、見えると同時に音を聞きたいのならば……え？　計算するまでもない？

計算 4

花火の直線距離は、音の速さで求められました。

350（*m/s*）×1 *(s)* = 350（*m*）

花火の高さは 330 m。三平方の定理で水平の距離を求めます。

$350^2 = 330^2 + x^2$

$x = 116.61$（約 117*m*）

見上げる角度を、三角比で解きましょう。

$\cos\theta = \frac{117}{350}$

角度は、約 70°と求まります。

知的で楽しめる「大人の数学ドリル」

数学といえば学校で学ぶもの、というイメージがあるかもしれませんが、学校で学べない「楽しめる数学」はたくさんあります。

なかでも『数学パズル事典』は、「パズル」という切り口に特化して、歴史とともに幅広くその数学パズルの魅力を紹介している本です。

学校の単元とは異なる、趣味として数学をとことん突き詰めたような問題もあり「数学を楽しむ」ためにはもってこいの1冊です。冒頭には「数学パズル」の歴史が紹介され、また、事典という名前にふさわしく収録されているパズルの数は、ほかの本には類を見ない量になっています。解くのに時間をかける問題ももちろんありますが、シンプルな問題が多く、広く楽しめます。たとえば「4つの4でどんな数をつくれるか」という計算分野のパズルや、「線を5本引いていくつ三角形をつくることができるか」という図形のパズル、そして論理のパズルも収録されています。

巻末の参考文献からさらにさかのぼっていくのも、ひとつの楽しみ方かもしれません。同著者が手掛けている『数学マジック事典』もおすすめです。問題制作をしている僕としても、着想のヒントにさせていただいています。

『数学パズル事典』
2016年3月24日刊
上野富美夫・著
東京堂出版

5章

考え出すと超ハマる数学

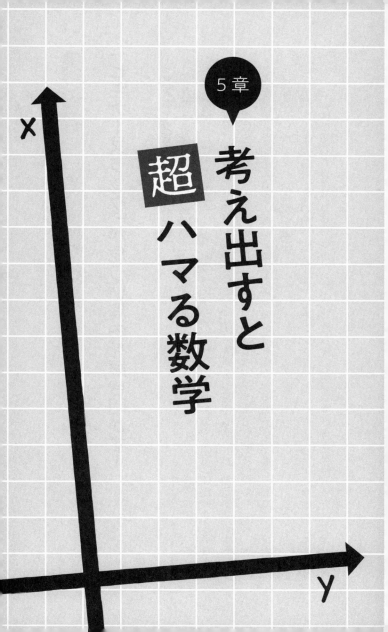

「ビギナーズラック」が危うい理由を解き明かす！

▼スポーツ選手も恐れる「幸運」

さまざまな興奮や感動を呼んだ「東京パラリンピック２０２０」。なかでも競泳で５つのメダルを獲得した鈴木孝幸選手は、34歳のベテラン。２００４年のアテネ大会では銀、０８年の北京大会では金、さらに１２年ロンドン大会では、銅メダル２つ獲得しました。期待が募る１６年リオ大会では想定外のメダルなしでした。鈴木選手はカウンセラーと対話を続けるうちに、金メダルを獲得した北京大会を「ほぼビギナーズラック」と振り返ったそうです。そして、東京大会では輝かしい成果をつかんだ、と。

感動的な雄姿に心からの拍手喝采です。鈴木選手が語った「ビギナーズラック」は、もしかすると「ほぼ初心者の自分自身がつかんだ栄光に浸らず、記録が伸びるように努めたい」という意図があったのかもしれません。

スポーツ選手しかり、初心者がつかんだ幸運には、なにかと副産物があるようです。なぜ、ビギナーズラックを感じるか、考えていきましょう。


ビギナーズラックを数学的に解釈すると、「少ない試行回数で、たまたま勝ちパターンをつかんだ気がする状態」といえます。

たとえば、コインを10回投げて表・裏、どちらが出るかを当てるゲームで考えてみましょう。

すると、7回当たったとします。コイン投げだから当たる確率は2分の1、そのため5回はハズレになるハズですが……。「なんと7回も当たった！　これは、賭けに勝つ才能があるのかもしれない！」と、はやる気持ちが出てしまいます。

「いやいや、〝たとえば〟の話でしょ？」と思われるかもしれませんが、実際では、そう思ってしまいます。これが古今東西、多くの人が体験してきたビギナーズラックの「勝ちパターンをつかんだ気がする状態」の正体だからです。

▼ビギナーズラックを数学でひも解く

実は、10回は非常に少ない試行回数。7回当たっても、なんら不思議ではありません（計算1）。

11・7%ということは9分の1の確率で7回当たる……と考えると意外とありえそうな気がしませんか？

これがたとえば、10回の試行を100回やるとしましょう（もしくは、10回のコイン投げをする人数が100人）。1000回の試行回数であれば、10回のうち7回が出ることが100回以上はあるわけですね。

1000回も投げると、確率は限りなく2分の1に近づきます（図）。これを、「大数の法則」といいます。大数の法則とは、試行を繰り返すことによって理論上の確率に近づくという確率の定理のこと。そして、少ない回数にもかかわらず、まるで、自分に

計算 1

コインの表が出る確率は $\frac{1}{2}$。10回試すため$(\frac{1}{2})^{10}$。
10回のうち、7回は表が出るパターンは120通りなので、次のような計算になります。

$(\frac{1}{2})^{10} \times 120 = 0.117$
（約11.7%）

だけ確率の高い幸運があると過大評価するのを「小数の法則」といいます。つまり、「小数の法則とは、少ない情報や試行を過大評価して大数の法則が当てはまると錯覚して認知すること」です。

この小数の法則が、幸運にも（？）初心者で起こったとき、ビギナーズラックになるわけですね。

ただし、このビギナーズラック、ギャンブルで功を奏す場合もあります。

▼ビギナーズラックと相性のいいギャンブルとは？

1回の試行で期待しうる賞金、それを平均化した値のことを「期待値」といいます（〈数学基礎知識〉）。たとえば、コイン投げで当たったときの賞金を100円とします。コイン投げで当たる確率は、2分の1ですから、期待値は、50円です。ここで、問題です。このコイン投げを1回投げるのに、40円かかるとします。こ

〈数学基礎知識〉期待値とは？

ある試行を行ったとき、その結果に得られる数値の平均値のことを「期待値」といいます。
期待値 X の求め方は、ある試行の確率（p_1、p_2、p_3……）とその結果に得られる値（x_1、x_2、x_3……）を掛け合わせたその合計になります。

公式　$X = x_1 \times p_1 + x_2 \times p_2 + x_3 \times p_3$

図　コインを投げた試行回数と当たる確率の関係の例

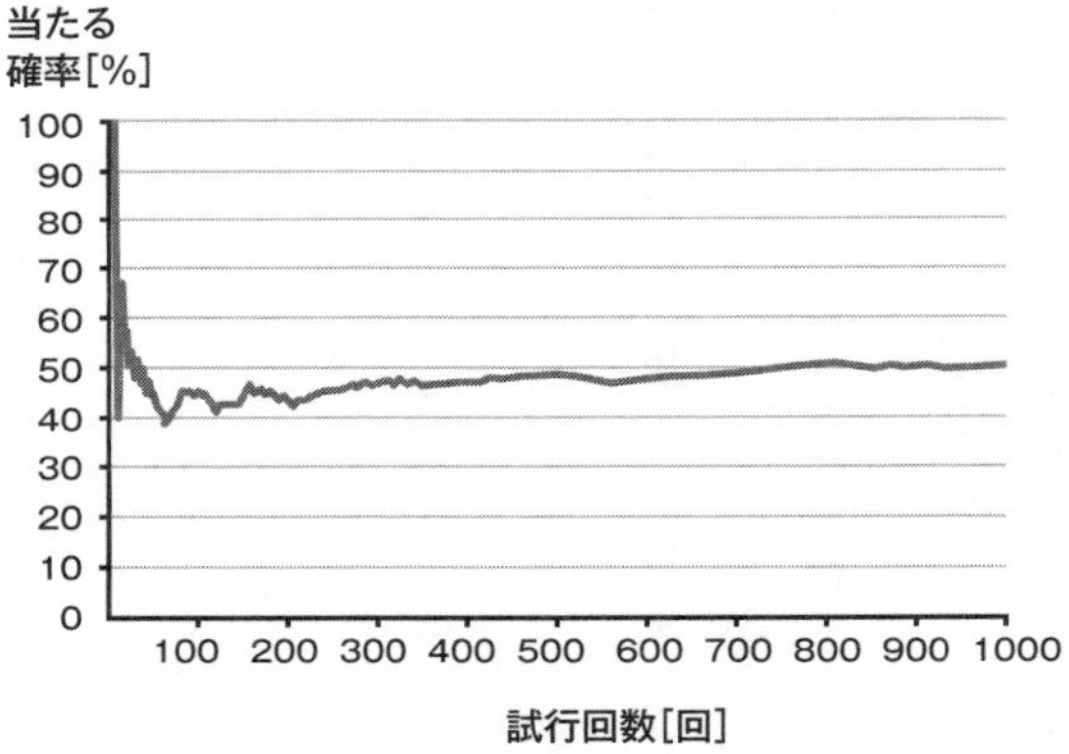

れに挑戦しますか？

正解は、簡単ですね。125%もかけ金より期待値が高いため、やればやるほど得します。

実際のカジノでは、そうはいきません。期待値は100%を割るようにできているため、必ずオーナー側が勝つように設定されています。

ギャンブルの種類によって、その期待値は上下しますが、なかでもスロットは99%と期待値が高いといわれています。なぜ、そのように設定されているのか、先ほどの大数の法則から考え

計算2　$(0.99)^{120}=0.29938\cdots\cdots$

てみましょう。

確かに、1回に対する期待値は高いのですが、スロットの1回は本当に一瞬です。スロットの期待値は99％。スロット1回を10秒と仮定します。20分遊んだら、120（20×60÷10）回試行することになります。

つまり、スロットを20分遊んだだけなのに、結果として期待値は30％を切ってしまいます（計算2）。スロットは特性上、試行回数がとても多くなるため、やればやるほど損が明確になる、というカラクリです。これは、ビギナーズラックに向いていません。

対して、「ルーレット」はどうでしょうか。ボールをルーレットの盤に転がして、止まったボールの数値に賭けたとき、その賭けた額に応じて報酬を得られる仕組みです。

期待値は高くありませんが、一点賭けして、たまたまビギナーズラックがそのタイミングでおとずれたときに大儲けするのです。ただし、試行が増えるほど、期待値は明確に低くなるので、大勝ちしたらきっぱりとやめないといけません。……もちろん、ここまで読まれた人は、そのような幸運を期待しないほうがいいとわかると思いますが。

43連勝のじゃんけんチャンピオンの勝利法則とは

▼じゃんけんに必勝法はあるのか？

コロナ禍では、リモートワークや通信学習になり、対面コミュニケーションの機会が少なくなりました。そうなると、やらなくなることがあります。何でしょうか。——そう、「じゃんけん」です。グーと、チョキ、パーで、勝敗が決まる、もっとも身近で世界で一番普及されているゲームといっても過言ではないでしょう。

そのじゃんけんに、「世界じゃんけん協会（WRPSA）」があるのをご存じでしょうか。2015年にワイアット・ボールドウィン氏が2015年に設立しています。さらに、じゃんけんは競技であると語り、世界大会を開催しています。「なんでも協会をつくったり、世界大会をしたりするものだな」と思うかもしれませんが、ボールドウィン氏を見過ごせない理由がありました。なんと43連勝の記録があるというのです。驚きの数字ですが、さらに確率で計算すると仰天の数字が出てきました（計算）。

なぜ、ここまで勝つことができたのか、ボールドウィン氏の勝つ秘訣は「先出ししない」「出す手はランダム」「相手を観察する」といいます（「ボールドウィン氏のじゃんけん戦術」）。氏によると、じゃんけんも、なるほど、スポーツかもしれないと思えるから不思議です。

ただし、じゃんけんは、あくまでランダム性のあるゲームです。まさに、天のみが勝敗を知るところ。あらためてじゃんけんとは何かを考えると、3パターンの自分の手と相手の手によってランダムに勝敗が決まるゲームなので、必勝法はありません。

では、じゃんけん以外のゲーム（たとえば、「オセロ」や「人

計算　**じゃんけんで43連勝する確率とは？**

じゃんけんを「勝つ」か、「負ける」の2通りをランダムに行うものとします。勝つ確率は $\frac{1}{2}$。

これが43連勝です。どの程度の確率なのでしょうか。

$$\frac{1}{2} \times \frac{1}{2} \times \frac{1}{2} \cdots\cdots = \left(\frac{1}{2}\right)^{43}$$

$$= \frac{1}{8796093022208}$$

つまり、約8兆8000億分の1の確率！

ボールドウィン氏のじゃんけん戦術

「先出ししない」「出す手はランダム」「相手を観察する」といいますが、どういうことなのでしょうか。

■「先出ししない」とは
出す手が相手にわかる動作をしないということ。たとえば、「グー」では直前に手を握りしめていたり、「チョキ」では人差し指を少し開いていたりするというのです。

■「出す手はランダム」とは
WRPSA の調査によると、統計的にグーを出す確率が35.4%、チョキが 29.6%、パーが 35%。
さらに、浙江大学の実験「被験者 354 人に 300 回じゃんけんをする」によると、じゃんけんに傾向がみられたといいます。
①「勝っているとその手に固執し、負けると変える」
②「一定の法則で出す手を変える。『グーからパーに』『パーからチョキに』『チョキからグーに』」
出す手は、それらをに左右されずにランダムに出すことを心掛けるといいといいます。

■「相手を観察する」とは
自身の経験から出す傾向を探るというもの。たとえば、体つきの良い男性だったらグーを出しそう、など。

生ゲーム」など）は、どうでしょうか。どのような仕組みが隠されているのか、数学的に解剖してみましょう。

▼ゲームの種類は限られている？

オセロや将棋、チェス、麻雀、トランプなど、さまざまなゲームがありますが、まずはゲームを分類していきましょう。

ゲームを分類するときに、参考になる用語があります。オセロや将棋、チェスのように2人対戦で、勝敗が決まり、運の要素がないゲームを、ゲーム理論の用語で「二人零和有限確定完全情報ゲーム」といいます。――仰々しい名称ですね。大学教授の所属名や、どこぞの企業の肩書のように長い。でも、安心してください。一言ずつ分解していくと「なるほど！」となります（〈数学知識〉）。

なぜ、二人零和有限確定完全情報ゲームを解説したかというと、これに分類されるものは、理論上、必勝法（もしくは、引き分け、負けがすぐにわかる）が存在します。たとえば、三目並べやチェッカーは、お互いが最善手を打つと必ず引き分け、6×6マスのオセロは後手が必勝にな

〈数学知識〉

「二人零和有限確定完全情報ゲーム」とは？

まずは、言葉を細分化しましょう。「二人・零和・有限・確定・完全情報・ゲーム」です。それぞれ細かく見ていきましょう。

【二人】２人対戦のこと

【零和】プレイヤーの利害が対立していて、利害合計がゼロになること。たとえば、勝者が+100点を取ると敗者が−100点になる

【有限】ゲームに終わりがある

【確定】（サイコロを使うなどの）運の要素がない。先手・後手を決めるときは除く

【完全情報】すべての情報が明らかになっている

二人零和有限確定完全情報ゲームではないのは、麻雀、ポーカー、じゃんけんなど。麻雀は４人対戦、ポーカーは運の要素があり、じゃんけんは同時に手を出すので完全情報ではありません。

ります。

　さて、将棋やチェスも二人零和有限確定完全情報ゲームです。そうすると必勝法があるはずなのに、なぜ、段位や賞金のある大会があるのか気になりますよね。実は、将棋やチェスはかなりの膨大なパターンがあるので、記憶におさまらない。必勝手を打ち続けることが難しいのです。そのため、戦略やコンディションが大事になってくるというわけでしょう。

　ここで「ピン！」と来た人もいるかもしれません。そう、この膨大なパターンは人の記憶ではおさまらないならコンピュータはどうか、と。理論上では膨大な数の局面をコンピュータに記憶させて、常に最善手を指し続けると勝利することができるのです。しかし、現在のところまだそこには至っていない、とされています。

　さてさて、最後に「人が面白いと思うゲームとは何か」考えてみましょう。ゲームの開発者がいうには、近年のゲームは「運×戦略性」のバランスがうまく組み合わさると人気が出るようです。たとえば、定番のゲームだと「麻雀」がそれにあたります。「人生ゲーム」は、あえてほとんど運に振り切っているようです。確かに、運の要素があると「逆転できるかも」というハラハラ感がゲームを盛り上げるため、遊びに向いているかもしれません。

世界で大人気の「マインクラフト」で、数学力が身につくワケ

▼ゲームで空間図形や関数が得意になる？

ゲームには「遊んでばかりいないで勉強しなさい！」といえない素晴らしいものがあります。

2020年までに累計販売数2億本超、世界的に爆発的な大ヒットを記録している「Minecraft（マインクラフト）」、通称「マイクラ」をご存じでしょうか？

立方体の3Dブロックで構成された仮想空間で、ものづくりしたりサバイバル冒険したりできるゲームです。プレイヤーは自由に歩き回り、ときに木を切ったり、ときにツルハシで掘ったりなどしてブロックを採取。そこから道具や建物をつくり、思い通りに好きな世界をつくることができるのです。

道具や建物をつくるためには、素材ブロックを必要な数だけ集めなければならず、創造力や計画性、能動的な行動力が大切になります。そんな背景もあり、教育現場からもプログラミングやアクティブ・ラーニングに効果があると期待されており、各国で授業や学習に取り入れられています。また、立方体のブロックを積み上げて町や建物などを形成していくため、自然に空間把握能力が身につき、数学的思考が養われるともいわれています。

実際に、どのようにゲームが行われるのか、みていきましょう。

▼素材を好きなように並べるのに、計算が必要！

たとえば、道具の「ツルハシ」は、「ダイヤ」などの素材を入手することができるアイテムです。このツルハシをつくるには、「鉄インゴット」3つと「棒」2つの素材が必要になります。さらに、鉄インゴットを手に入れるには「鉄塊」9つ使うか、「鉄鉱石」というアイテムを製錬してつくることができます。

つくったツルハシでも、壊れることがありますので、3つ用意しておきたい。す

$$
\begin{aligned}
\text{式}\quad & 9\times9+7\times7+5\times5+3\times3+1\times1 \\
&=81+49+25+9+1 \\
&=165
\end{aligned}
$$

ると、鉄塊はいくつ必要になるか。——このように、知らず知らずのうちに「比」を求めて計算しています。

他にも、1辺が1の立方体ブロックで、1辺が3の立方体をつくりたいとき、単純な辺の長さは3倍ですが、実質に必要なブロックは3×3×3＝9つ必要です（図）。また、底が9ブロック×9ブロックのピラミッドをつくりたいときに必要なブロック数を計算しなければなりません（式）。

このように道具や建物をつくるとき、何個のブロックが必要なのか考えます。さらに、どんな大きさになるか、どの位置に設置するのかを考えながらゲームをするため、空間把握能力や計算能力が知らず知らずに鍛えられるわけです。

公式や定理を理解することや計算ドリルをやることも大切ですが、遊びながら素養を身につけることも、数学好きになるきっかけになるかもしれません。

図　立方体ブロックとピラミッドの個数

●立方体ブロック

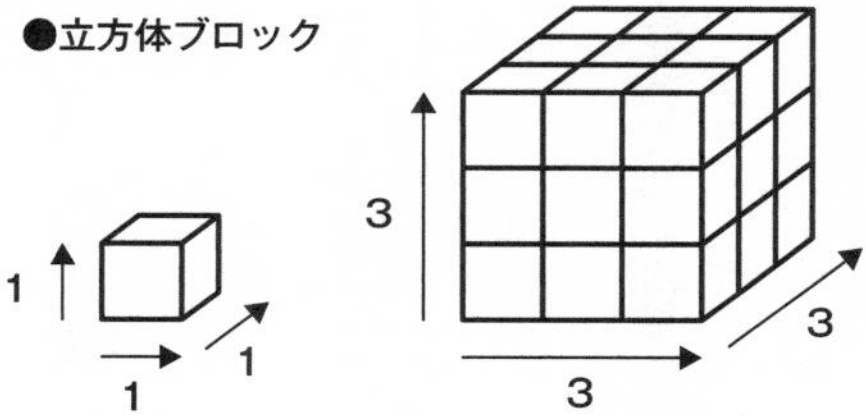

$1\times1\times1=1$　　　　$3\times3\times3=9$

●ピラミッド

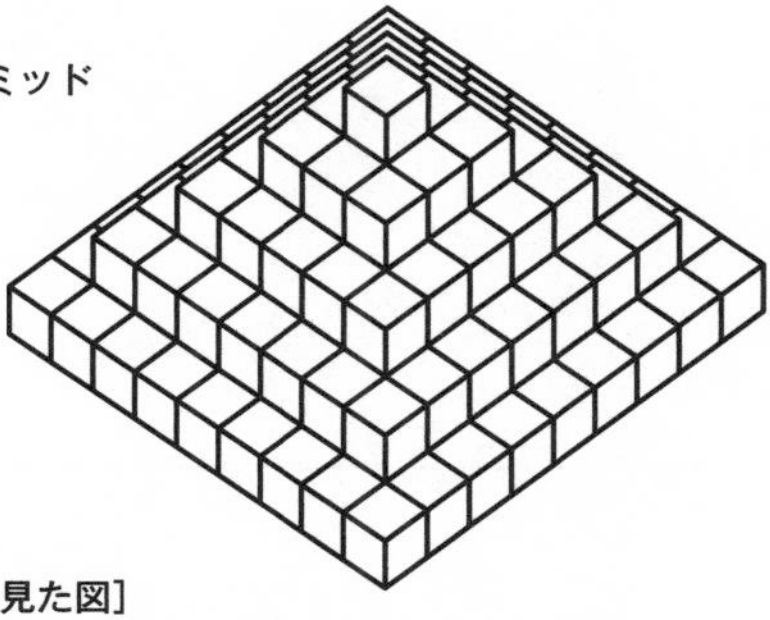

［上から見た図］

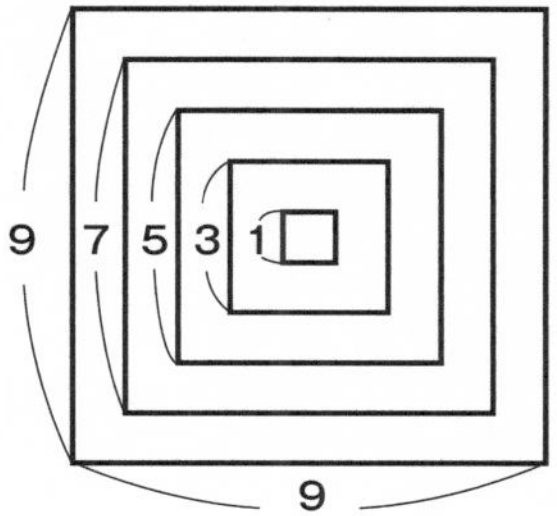

折り紙で折れる最大の正三角形

子どもも、大人も楽しめる難問に挑戦！

数学で、頭の体操をしましょう。子どもも挑戦できるけれど、大人も頭を抱える問題です。２問、挑戦してみてください！

【問題１】正方形の折り紙を使って、正三角形をつくってください。

正三角形なので、３辺の長さはどれも同じでなくてはなりません。３つの角がそれぞれ60度になる必要があります。

【問題2】正方形の折り紙を使って、最大になる正三角形をつくってください。

難問だと思います。正三角形の1辺の長さが正方形の各辺より大きくなりますよ。

【問題１の答え】

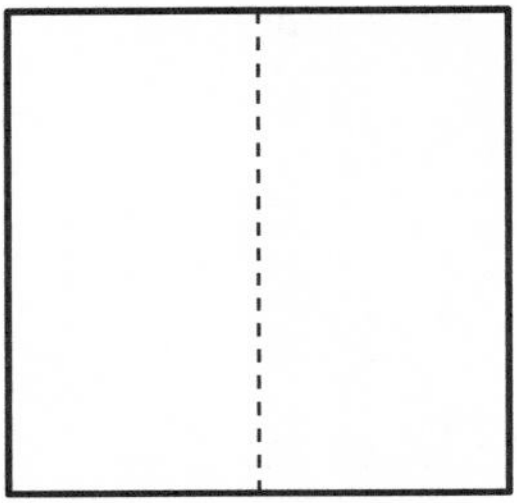

①半分に折って、正方形の中心に折り目をつけます。

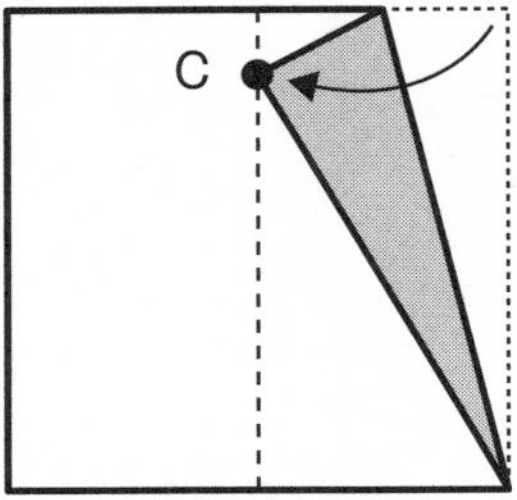

②折り紙の角を①でつけた折り目につくように折ります。折り目の角がついた部分に印をつけます。

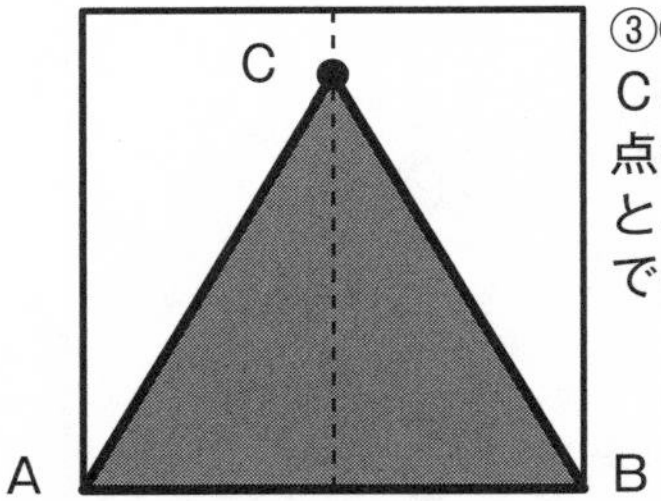

③②でつけた印CとAとBの２点の頂点を結ぶと、正三角形ができます。

［証明］ 底辺は折り紙の１辺の長さ、そして残り２つの辺も、折り紙の左右の辺によってつくられます。つまり３辺が同じ長さになり、正三角形ができたことになります。

【問題2の答え】

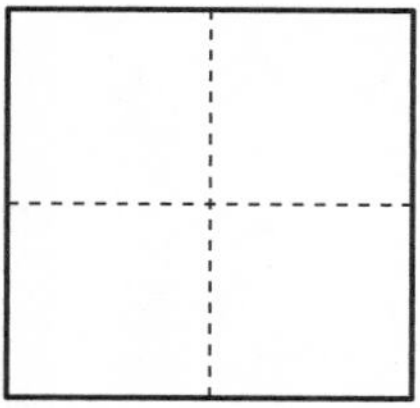

①十字型に折り目をつけます。

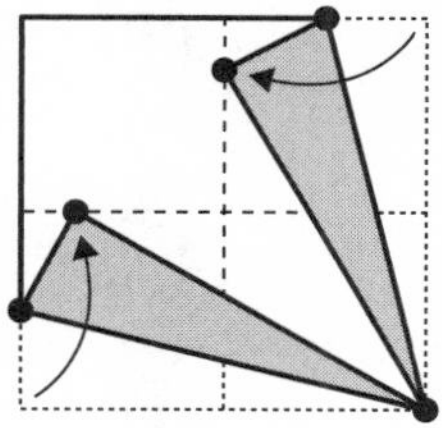

②向かい合う角を①の折り目に重なるように折ります。

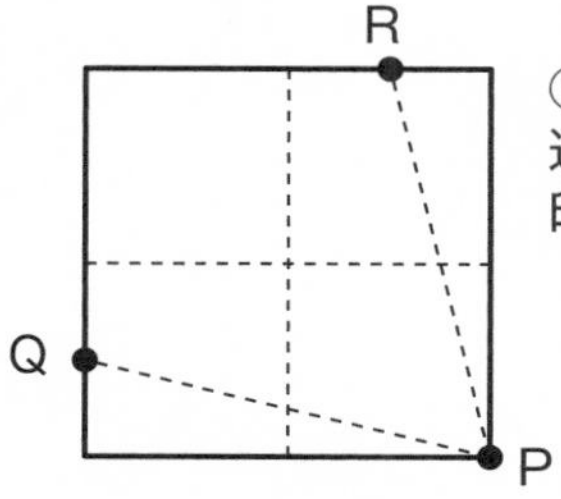

③開いた折り目と折り紙の辺にあたる部分にQ、Rの印をつけます。

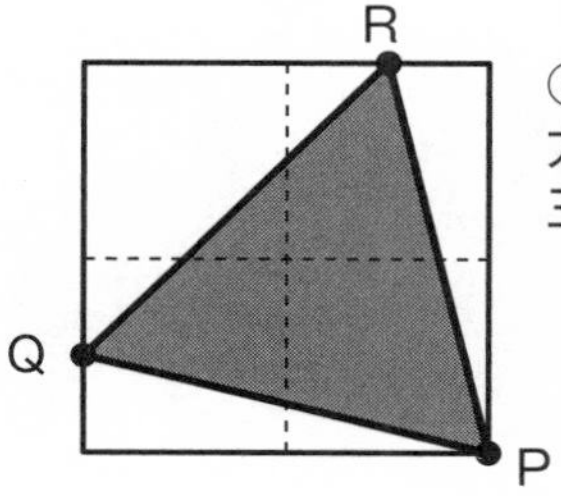

④P、Q、Rを結ぶと、正方形のなかで一番大きい正三角形ができます。

ノーベル賞に数学部門がない理由が、プライベート過ぎた

▼ノーベル賞に数学がないわけ

世界でもっとも権威のある「ノーベル賞」。人類に最大の貢献をもたらした人に贈られます。ノーベル賞を創設したのは、ダイナマイトを発明したスウェーデンの科学者、アルフレッド・ノーベル(1833―96)。ノーベルの遺言のもと遺された莫大な遺産を使い、1901年から「物理学」「化学」「生理学・医学」「文学」「平和」の5部門の賞が始まりました。「経済学」は、スウェーデン国立銀行により創設され、正式名称は「アルフレッド・ノーベル記念経済学スウェーデン国立銀行賞」になっています。

しかし、数学部門はどこにも見当たりません。なぜ、世界的に権威のあるこの賞に数学がないのか、ノーベルは数学分野に関心がなかったのでは、という話もいわれていますが、こんな逸話

ノーベル、レフラー、コワレフスカヤ

ノーベル

レフラー

コワレフスカヤ

も広まっています。

ノーベルと同じスウェーデン人に天才数学者ミッタク・レフラー（1846―1927）がいました。ノーベルは、このレフラーが大嫌い。

レフラーは著名な数学者のため、もし、ノーベル賞に数学部門を創設していたら、レフラーの名が入るかもしれない。そう思ったノーベルは、数学部門を入れなかった――。これが、ノーベル賞に数学部門がない理由といわれています。

なぜ、こんなに嫌うのか、諸説ありますが、ノーベルはロシアの美人数学者ソフィア・コワレフスカヤ（1850―91）をご執心。しかし、彼女の隣にはいつもレフラーがいたというのです。後世に名を遺す天才でも、やはり人間。恋敵のレフラーには、嫉妬の炎を燃やしていたのかもしれません。高名で、才能あふれる学者の人間くさい逸話です。

では、数学での業績に与えられる国際的な賞はないのでしょうか？

▼ノーベル賞よりも難しい章がある？

もちろん、あります。数学でもっとも権威のある国際的な賞は「フィールズ賞」です。フィールズ賞は、カナダ・トロント大学の数学者だったジョン・チャールズ・フィールズ（1863—1932）が生前にこの賞を設けることを提唱し、彼の遺産と基金で始まったことでその名がつけられています。

ちなみに、ノーベルが生きていた時代とフィールズが生きていた時代は重なっています。フィールズは、ノーベル賞ができる様子も見ており、「数学分野もつくりたい」、そう思ってノーベル賞ができた35年後にフィールズ賞もできました。なので、当時の数学者はノーベル賞ができたあたりからある意味ノーベル（賞）を意識していたことは間違いないでしょう。

さて、フィールズ賞は、全世界の数学者が対象で「数学のために著しい貢献をした数学者に対して金メダルを贈る」「過去の業績に対してだけでなく、以後の研究に対する奨励も含める」とされています。4年に1回の開催で、1936年に第1回が行われました。最近では、2022年、2026年に開催されます。

また、年齢制限があり原則として40歳まで、受賞者の人数は2〜4人です。ノーベル賞より受賞が難しいともいわれています。日本ではどうでしょうか。

▼日本人での受賞者は？

これまでに3人の日本人数学者が受賞しています。

3人とも、「代数幾何学」という分野に関する研究実績で受賞しています。代数幾何学を簡単にたとえるのならば、x+1=0のような方程式の解は、直線を表す関数y=x+1のy=0のときのxの値と一致します。y=x+1はグラフで表すと直線になりますが、方程式（代数分野）を曲線など（幾何的）で考えていく分野……といえるかもしれません。

余談ですが、フィールズ賞は著しい業績を上げた数学研究者に贈られる最高峰の賞ですが、意外なほど賞金が少ないのです。ノーベル賞の1部門の賞金が約1億円前後なのに対し、フィールズ賞は1人1.5万カナダドル（日本円で約130万円前後）です。もちろん名誉ある賞なので賞金は関係ありませんが、ノーベル賞との差が大きいのは少し驚きますよね。

日本人のフィールズ賞、受賞者　その1

●小平邦彦（1915―1997）：
（1954年受賞）東京大学理学博士
1954年に日本人として初めて受賞。戦時中で、研究環境は決して整っていないなかで実績をあげました。自明でない調和形式の存在問題を定式化。

●広中平祐氏（1931―）：
（1970年受賞）ハーバード大学名誉教授
同分野の3次元以下までの証明に対して、さらに高次元まで一般化した研究を行い、結果を残しました。特異点とよばれる、たとえるなら、なめらかではない箇所に関しての扱い方の研究。算数オリンピックを立ち上げました（現大会会長）。

日本人のフィールズ賞、受賞者　その２

●森 重文氏（1951—）：
（1990 年受賞）京都大学名誉教授
「極小モデル」とよばれる、代数幾何学で扱われるものを、できるかぎり単純なモデルとして考えることを目指した手法があり、３次元代数多様体における極小モデルが存在することを示しました。

数学者が大まじめに考えた面白用語

これまでの数学イメージが変わるかも？見たことない数学用語

▼突然ですが、直感で答える問題！

次のうち、実在する数学用語はどれでしょう？

「セクシー素数」
「ナルシスト数」
「ハッピー数」

数学というと堅い言葉がズラズラ並ぶ、難しいイメージがありますが、面白くて変わった用語がたくさんあります。実は3つとも実在する正真正銘の数学用語です。それぞれどんな意味なのか、簡単に解説していきます。

「セクシー素数」とは、(5と11)(7と13)のように、2つの素数の差が6になる数の組み合わせをいいます。なぜ「セクシー」かというと、ラテン語で数字の「6」をsexと読むことが由来とのこと。驚くほど単純な理由ですね。ちなみに、セクシー素数は無限に存在するといわれています。

また、(5と11と17)という連続する3つのセクシー素数もあるなど、解明しきれていない未知な面もあります。そんなミステリアスな部分も、セクシーとよばれる由縁かもしれません。

次に「ナルシスト数」です。「ナルシスト」とは一般的に自己愛の強い人のことをいいます。こちらは命名した数学者がそのまま直球に「ナルシストな数字だなぁ」と思ったことでつけられた名前だそうです。

たとえば、153はナルシスト数。なぜこの数字がナルシストな数字な

〈数学基礎知識〉

素数とは?

素数とは、1より大きい数で1を含む自分自身以外で約数を持たない自然数のことです。2、3、5、7、11……など、無限にあるといわれています。

のでしょうか。

153の3桁の数にそれぞれ3乗をして足しましょう。

153　↓　$1^3+5^3+3^3$

$=1+125+27$

$=153$

このように、自分の数を使って自分自身を表すことができる数が、自己愛の強い、「ナルシスト」に繋がったわけです。想像力豊かなネーミングセンスですよね。

▼数学好きは、数で遊ぶ

さいごに「ハッピー数」は、数字それぞれを2乗したものを足していき、最後に「1」になる数をいいます。ラストに「1」になるから「ハッピーだね！」というこちらも単純明快でほほえましい理由です。

19
↓
$1^2+9^2=82$
$8^2+9^2=68$
$6^2+8^2=100$
$1^2+0^2+0^2=1$（ハッピー！）

西暦2019年を迎えるとき、「この数字はハッピー数だ」、と一部の数学好きの間で話題になりました。

2019
↓
$2^2+0^2+1^2+9^2=86$
$8^2+6^2=100$
$1^2+0^2+0^2=1$（ハッピー！）

何にどう役立つの？　といわれたら答えに困ってしまうものですが、数学好きは数遊びが好きな人が多いので、その延長で突き詰めた結果に生まれた言葉が多いと考えています。

僕も答えを突き詰めていくうちに「やっぱりココでこうなったか！」という想起的な感覚、繋がる感覚を味わえるところに数学の大きな魅力を感じています。数学には、まだまだ面白い用語や定理であふれています。数学の幅広さや奥深さを体感してみてください。

子どもも悪魔的に数学好きになる物語

「数学を好きになるきっかけになった本は？」といわれて多くの人が答えるのがこの本です。副題のとおり、12の章に分かれていて、各章それぞれ興味深い数学の話が展開します。たとえば「0という数の不思議」「素数の性質や素数の見つけ方」など、簡単な計算の話からはじまり、「無理数」「虚数」など、中学数学や高校数学で登場する話も織り交ぜながら、語りかけるように進んでいく本です。子どもが読める内容で、中学以上で習う漢字には「ルビ」が振られています。

紹介されている数学の話は、いわゆる「王道」の面白い話が多く、この本を読んだあと、他の数学の本を読み進めると「あれ、『数の悪魔』を読んだから、この本の内容がわかる気がする」ときっとなるはず。そうなればすでに「数学にハマりだしている証拠」。そして、その知っている知識に新しい知識が加われば「もっとわかった」ことになるわけで、つまり、知識は補強され拡大されていきます。学ぶということはその繰り返しともいえます。『数の悪魔』でも、数学にハマる体験をしてみてください。

『数の悪魔
―算数・数学が楽しくなる 12 夜』
2000 年 9 月 1 日刊
H.M. エンツェンスベルガー・著
R.S. ベルナー・イラスト
丘沢静也・翻訳
晶文社

数学者のアタマのなかとは。文系もハマった小説

博士は10年以上前に交通事故で記憶力を著しく失い、たった80分しか記憶できず、着ている服のあちこちに、忘れたときのメモとして「ふせん」をつけています。そんな元数学者「博士」の住む家に派遣された家政婦の「私」、そして息子「ルート」の3人で巻き起こるストーリー。映画にもなった小説です。

博士は挨拶に「数にちなんだ話題」を出すのですが、この博士の一言「数の話」が楽しいものばかり。実際の数学者の独特な一面を感じることができます。

たとえば「私」と初めて会ったときには靴のサイズを尋ね、「24」と答えると「実にいい数字だ。4の階乗だ」と一言加えます。4の階乗とは、「4!」と表し、4×3×2×1のこと。また、息子が「ルート」と呼ばれるようになったのも、頭の形が平であることを理由に「√」の記号を連想したから。他にも、この本を読んでいると、名前のついた「数」がたくさん出てきます。「友愛数」や「婚約数」など、そういった言葉があることをこの本で初めて知った、という話もよく聞きます。

小説として読みながら、そのなかで出てくる数学の魅力、そして数学者の魅力を感じていただきたいです。

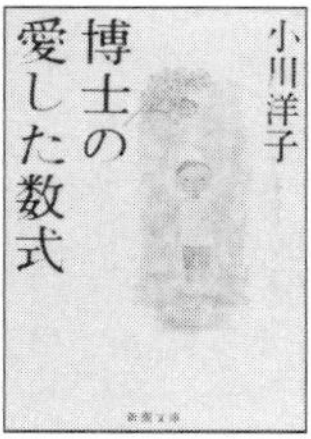

『博士の愛した数式』
2005年11月26日刊
小川洋子・著
新潮社

おわりに

いかがだったでしょうか。世の中と数学の繋がりを体感していただけたでしょうか。そして、数学自体のイメージに変化はあったでしょうか。

しかし、本書を読んで終わりにせず、もうひとつの使い方をしていただきたいと思います。本書のみならず、数学をモノにする方法——キーワードは「知的冒険心」です。

知的冒険心とは造語です。数学の話に「なるほど！」と知的好奇心を刺激されましたら、ぜひ使ってみてください。高度な知識でなくても、知っている範囲で考えてみると、面白い発見に出会えるからです。

たとえば、「1000対2000、圧倒的不利な状況でも、勝つ戦略がある」、これを自分だったらどうするかと考えてみてください。有利な状況の自分が逆転されない方法を考えたり、スポーツに応用したり、ビジネスの経営戦略にあてはめてみたり……。

さまざまなことに考えが及びます。数学を使って抽象的に表したからこそ、日常や仕事などに応用が利くのです。それは、まさに知的な冒険です。

そのときに、間違ってもいいのです。間違えることは決して悪いことではなく、考えることをやめてしまうのがいけないと思っています。

ある授業で、正解は8通りの図形の描き方がある問題を出題しました。ある生徒は、解答を解答を5通りにしました。通常では×になりますよね。しかし、これでは出していた5通りの解答も不正解になってしまいます。僕は「5通り」までは、正しく見つけられていることを確認し、その時点までを○としました。そして「あと3通り見つけましょう」といいました。生徒の解答は不正解ではなく、正解への途中だと思うからです。

そんなように、自分なりに数学を日常や仕事に応用していて「間違えた」と思ったら、途中式を見直してみてください。間違えた理由を理解すると正解への道しるべになり、やがて成功への方程式になりますよ。

そうやって、数学は日常の暮らしやビジネスなどをより豊かにしてくれる補助線になると思います。さらに、僕は、数学で人生が変わると本気で思っています。なぜなら――

数学がわかると、モノの見方が変わる。
モノの見方が変われば、モノの考え方が変わる。
モノの考え方が変われば、判断や行動が変わる。
判断や行動が変われば、人生が変わる。

――こう思うからです。

よりよい人生になる、そのためにも、数学への興味を切り拓いていくことが大切です。前作『文系もハマる数学』（青春出版社刊）同様、面白い話題を見つけたら、もっと深掘りしてほしいと思います。本書を超えて、いろいろな数学の話題に触れてみて、次への一歩も踏み出してみてください。

僕、横山明日希の Twitter（@asunokibou）でも、お待ちしています。

■参考文献

▼主な参考文献

『世界をつくる方程式50』（リッチ・コクラン［著］、松原隆彦［監修］／ニュートンプレス／２０２０年12月刊）

『【図解】数学の世界』（矢沢サイエンスオフィス／学研プラス／２０２０年1月刊）

『思わず話したくなる！　数学』（桜井進／ＰＨＰ研究所／２０１１年12月刊）

『図解 数と数式の話』（小宮山博仁［監］／日本文芸社／２０１８年11月刊）

『間抜けの構造』（ビートたけし／新潮社／２０１２年11月刊）

『文系もハマる数学』（横山明日希／青春出版社／２０２０年9月刊）

『ウソつきは数字を使う』（加藤良平／青春出版社／２００７年7月刊）

▼主な参考ｗｅｂサイト

独立行政法人国民生活センター／ＮＨＫ／ファイヤーワークス・フォト・ライブラリー／東京新聞ＴＯＫＹＯ Ｗｅｂ／神戸大学

本文デザイン・DTP ▼ リクリ・デザインワークス
本文イラスト ▼ 山下以登
本文図版 ▼ AD・CHIAKI
編集協力 ▼ 田鍋利恵

▼写真提供
共同通信社
Adobe stock/ゆず、kseniyaomega、pancake88、
DESIGN BOX、renoji、Popova Olga、Juulijs

青春新書
PLAYBOOKS

人生を自由自在に活動《プレイ》する

人生の活動源として

いま要求される新しい気運は、最も現実的な生々しい時代に吐息する大衆の活力と活動源である。

文明はすべてを合理化し、自主的精神はますます衰退に瀕し、自由は奪われようとしている今日、プレイブックスに課せられた役割と必要は広く新鮮な願いとなろう。

いわゆる知識人にもとめる書物は数多く窺うまでもない。

本刊行は、在来の観念類型を打破し、謂わば現代生活の機能に即する潤滑油として、逞しい生命を吹込もうとするものである。

われわれの現状は、埃りと騒音に紛れ、雑踏に苛まれ、あくせく追われる仕事に、日々の不安は健全な精神生活を妨げる圧迫感となり、まさに現実はストレス症状を呈している。

プレイブックスは、それらすべてのうっ積を吹きとばし、自由闊達な活動力を培養し、勇気と自信を生みだす最も楽しいシリーズたらんことを、われわれは鋭意貫かんとするものである。

―創始者のことば―　小澤和一

著者紹介
横山明日希〈よこやま あすき〉
math channel代表、日本お笑い数学協会副会長。2012年、早稲田大学大学院修士課程単位取得（理学修士）。数学応用数理専攻。大学在学中から、数学の楽しさを世の中に伝えるために「数学のお兄さん」として活動を開始し、全国各地で講演やイベントを多数実施。2017年、国立研究開発法人科学技術振興機構（JST）主催のサイエンスアゴラにおいてサイエンスアゴラ賞を受賞。共著書に『笑う数学』、『笑う数学ルート４』（KADOKAWA）があり、著書に『文系もハマる数学』、『文系も理系もハマる数学クイズ100』（小社刊）などがある。

面白《おもしろ》くてやみつきになる！
文系《ぶんけい》も超《ちょう》ハマる数学《すうがく》

青春新書 PLAYBOOKS

2021年10月25日　第１刷

著　者　横《よこ》山《やま》明《あ》日《す》希《き》

発行者　小澤源太郎

責任編集　株式会社プライム涌光
電話　編集部　03(3203)2850

発行所　東京都新宿区若松町12番1号 〒162-0056　株式会社青春出版社
電話　営業部　03(3207)1916　振替番号　00190-7-98602

印刷・三松堂　製本・フォーネット社

ISBN978-4-413-21187-1

青春新書 PLAYBOOKS

人生を自由自在に活動する――プレイブックス

うで体ゴルフ・あし体ゴルフ

鴻江寿治

あなたは〈うで体〉か〈あし体〉か？力の出し方でスイング、クラブ、ウェアまで適したものが全て違った！

P-1172

知ってるだけで避けられる！危ない前兆

ホームライフ取材班［編］

ポストに謎の記号が…耳たぶにシワが…見逃すと大変！

P-1173

前を向く力を取り戻す「折れない心」をつくるたった1つの習慣

植西　聰

無理にポジティブにならずに「負のスパイラル」から抜け出せるヒント……2011年版に新原稿を加えた改訂版。

P-1174

できる大人の伝え方「短く早い」が一番伝わる

臼井由妃

メール・SNS・ビジネス文書・手紙…オンラインでも「感じがいい」と思われる人のワンフレーズとは？

P-1175